Beyond Earth:
Exploring the Possibility of Life on Other Planets

ഭൂമിക്കപ്പുറം: മറ്റു ഗ്രഹങ്ങളിൽ ജീവന്റെ സാധ്യതയുടെ അന്വേഷണം

Aisha Patel

Copyright © [2024]

Title: Beyond Earth: Exploring the Possibility of Life on Other Planets
Author's: Aisha Patel

This book was printed and published by [Publisher's: **Aisha Patel**] in [2024]

ISBN:

TABLE OF CONTENTS

Chapter 3: Earth's Biosphere and Its Lessons: 40

- Interconnectedness of Earth's ecosystems and the biosphere.
- Evolution shaping biodiversity and adaptations to diverse environments.
- Geological record of past life and extinction events.
- Lessons for recognizing biosignatures: potential signs of life on other planets.

Chapter 4: Exploring Mars: The Red Planet's Secrets: 52

- Past watery history and geological evidence of potential habitability.
- Search for microbial life in Martian rocks, ice caps, and subsurface lakes.
- Rover missions, future human exploration, and ethical considerations.
- Mars colonization: challenges and potential benefits.

Chapter 7: Exoplanet Hunters: Uncovering a Universe of Worlds: 82

- Transit method, radial velocity method, and other techniques for finding exoplanets.
- Kepler, TESS, James Webb telescope and future missions to characterize exoplanets.
- Super-Earths, gas giants, hot Jupiters, and the diversity of exoplanet types.
- Habitable Zone 2.0: refining our understanding of potential life-supporting environments.

Chapter 8: Biosignatures of Alien Life: What Might We Find? 93

- Atmospheric biosignatures: oxygen, methane, ozone, and other potential indicators.
- Surface biosignatures: pigments, morphological features, and robotic exploration.
- Challenges of interstellar communication and avoiding false positives.
- The discovery of life beyond Earth: its scientific and philosophical implications.

hapter 9: The Future of Astrobiology: Beyond the ream (Epilogue)   104

Technological advancements and next-generation telescopes for deeper exploration.

Ethical considerations: planetary protection and avoiding contamination.

Interdisciplinary collaboration between astronomers, biologists, engineers, and philosophers

TABLE OF CONTENTS

- നക്ഷത്രകോടികളുടെ അപാരതയും അതിന്റെ അനന്തതയും.

- നക്ഷത്രങ്ങളുടെ ജനനവും മരണവും, ഗ്രഹങ്ങളുടെ രൂപീകരണ പ്രക്രിയകളും.

- ജീവിതയോഗ്യ മേഖലകളുടെയും ഭൂമിയുടെ അതുല്യ സാഹചര്യങ്ങളുടെയും തിരച്ചിൽ.

- ജീവന്റെ ഉത്ഭവം: സ്വയം ജനനവും പാൻസ്പെർമിയയും തമ്മിലുള്ള തർക്കം.

ഭൂമിയിലെ ജീവിതത്തിന്റെ പ്രത്യേകതകൾ: ഘടന, സ്വയംനിയന്ത്രണം, പരിസ്ഥിതിയോടുള്ള പൊരുത്തപ്പെടുത്തൽ മുതലായവ.

ജീവന്റെ പ്രവർത്തനത്തിലെ ജൈവതന്മാക്കളുടെ പങ്ക്: ഡിഎൻഎ, പ്രോട്ടീനുകൾ, കാർബോഹൈഡ്രേറ്റുകൾ മുതലായവ.

എക്ക്ട്രീമോഫൈലുകൾ: ഭൂമിയിലെ അതികഠിനമായ പരിസ്ഥിതികളിൽ ജീവിക്കുന്ന ജീവികൾ.

ജ്യോതിശാസ്ത്രം: ഭൂമിക്കപ്പുറത്തുള്ള ജീവിത സാധ്യതകളെക്കുറിച്ചുള്ള ശാസ്ത്രീയ പഠനം.

അദ്ധ്യായം 3: ഭൂമിയുടെ ജൈവമണ്ഡലവും അതിന്റെ പാഠങ്ങൾ: 40

- ഭൂമിയുടെ ആവാസവ്യവസ്ഥകളുടെയും ജൈവമണ്ഡലത്തിന്റെയും പരസ്പരാഹിതത.

- ജൈവവൈവിധ്യത്തെ രൂപപ്പെടുത്തുന്ന പരിണാമവും വ്യത്യസ്ത പരിസ്ഥിതികളോടുള്ള പൊരുത്തപ്പെടുത്തലും.

- ഭൂഗർഭ ചരിത്രത്തിൽ നിന്നുള്ള പുരാതന ജീവിതത്തിന്റെയും വംശനാശങ്ങളുടെയും രേഖകൾ.

- ജീവസൂചനകൾ തിരിച്ചറിയുന്നതിനുള്ള പാഠങ്ങൾ: മറ്റ് ഗ്രഹങ്ങളിൽ ജീവിതത്തിന്റെ സാധ്യതയുള്ള അടയാളങ്ങൾ.

അദ്ധ്യായം 4: ചൊവ്വയുടെ സഞ്ചാരം: ചുവന്ന ഗ്രഹത്തിന്റെ രഹസ്യങ്ങൾ: 52

ദ്രവരൂപ ജലത്തിന്റെ പഴയ ചരിത്രവും കൂടാതെ ഭൂമിശാസ്ത്രപരമായ തെളിവുകളും കാണിക്കുന്ന ജീവിതയോഗ്യ സാധ്യത.

ചൊവ്വയുടെ പാറകളിലും മഞ്ഞുമൂടികളിലും ഉപരിതല തടാകങ്ങളിലും നിന്നുള്ള സൂക്ഷ്മജീവികളുടെ ജീവിതം തേടൽ.

റോവർ ദൗത്യങ്ങൾ, ഭാവിയിലെ മനുഷ്യ പര്യവേഷണങ്ങൾ, ധാർമ്മിക പരിഗണനകൾ.

ചൊവ്വ കോളനിവത്കരണം: വെല്ലുവിളികളും സാധ്യതകളും.

അദ്ധ്യായം 5: രഹസ്യങ്ങളുടെ ചന്ദ്രന്മാർ: യൂറോപ്പ, എൻസെലാഡസ്, അതിലുപരിയും: 62

- വ്യാഴവും ശനിയും ഗ്രഹങ്ങളുടെ ഐസി ചന്ദ്രന്മാരുടെ ഉപരിതലയ്ക്ക് താഴെയുള്ള സമുദ്രങ്ങൾ.

- ഉപരിതല ജീവിതത്തിനുള്ള സാധ്യതയുള്ള ഊർജ്ജ സ്രോതസ്സുകളായി പ്രവർത്തിക്കുന്ന ഹൈഡ്രോതെർമൽ വിടവുകൾ.

- ഈ മറഞ്ഞിരിക്കുന്ന ജലലോകങ്ങൾ പര്യവേക്ഷണം ചെയ്യാനുള്ള ഭാവി പര്യവേഷണങ്ങളും ദൗത്യങ്ങളും.

- ഗ്രഹങ്ങളുടെ ചന്ദ്രന്മാരെ താരതമ്യം ചെയ്യുക: ഭൂമിക്കപ്പുറത്ത് വൈവിധ്യമാർന്ന ജീവിതരൂപങ്ങളെ തിരയുക.

അദ്ധ്യായം 6: ശുക്രൻ, ടൈറ്റാൻ, മറ്റ് സൗരയൂ അത്ഭുതങ്ങൾ: 72

ശുക്രന്റെ കത്തിജ്വലിക്കുന്ന ഉപരിതലവും അതിന്റെ ഘടനകളിൽ സൂക്ഷ്മജീവികളുടെ ജീവന്റെ സാധ്യതയും.

ടൈറ്റന്റെ കട്ടിയുള്ള അന്തരീക്ഷം, മീഥേൻ തടാകങ്ങൾ, സാധ്യതയുള്ള പൂർവ ജൈവ രസതന്ത്രം.

ഛിന്നഗ്രഹങ്ങളും വാല്‍നക്ഷത്രങ്ങളും: ജലത്തിന്റെയും ജൈവ തന്മാക്കളുടെയും സാധ്യതയുള്ള സ്രോതസ്സുകൾ.

സൗരയൂ Hȩ പര്യവേഷണത്തിന്റെ ഭാവി: വൈവിധ്യമാർന്ന പരിസ്ഥിതികൾ സന്ദർശിക്കുകയും ജീവിതത്തിനായുള്ള തിരച്ചിൽ വിപുലീകരിക്കുകയും ചെയ്യുക.

അദ്ധ്യായം 7: എക്സോഗ്രഹ വേട്ടക്കാർ: ലോകങ്ങളുടെ പ്രപഞ്ചത്തെ തുറന്നുകാട്ടുന്നു: 82

- ട്രാൻസിറ്റ് രീതി, വ്യാപക വേഗത രീതി, മറ്റ് എക്സോഗ്രഹങ്ങളെ കണ്ടെത്താനുള്ള സാങ്കേതിക വിദ്യകൾ.

- കെപ്ലർ, ടെസ്സ്, ജെയിംസ് വെബ് ദൂരദർശി, ഭാവി ദൗത്യങ്ങൾ എന്നിവ എക്സോഗ്രഹങ്ങളുടെ സ്വഭാവസവിശേഷതകൾ നിർവചിക്കാൻ.

- സൂപ്പർ-എർത്ത്, വാതകഭീമന്മാർ, ചൂടുള്ള വ്യാഴങ്ങൾ, എക്സോഗ്രഹങ്ങളുടെ വൈവിധ്യം.

- ജീവിതയോഗ്യ മേഖല 2.0: ജീവൻ പുലർത്തുന്ന പരിസ്ഥിതികളെക്കുറിച്ചുള്ള നമ്മുടെ ധാരണ പരിഷ്കരിക്കുന്നു.

അദ്ധ്യായം 8:
അന്യഗ്രഹജീവികളുടെ ജീവസൂചനകൾ: നമുക്ക് എന്താണ് കണ്ടെത്താൻ കഴിയുന്നത്?   93

അന്തരീക്ഷ
ജീവസൂചനകൾ: ഓക്സിജൻ, മീഥേൻ, ഓസോൺ, മറ്റ് സാധ്യതയുള്ള സൂചകങ്ങൾ.

പ്രതല
ജീവസൂചനകൾ: പിഗ്മെന്റുകൾ, രൂപഘടന സവിശേഷതകൾ, റോബോട്ടിക് പര്യവേഷണം.

നക്ഷത്രങ്ങൾക്കിടയിലുള്ള ആശയവിനിമയത്തിന്റെ വെല്ലുവിളികളും നെഗറ്റീവ് ഫലങ്ങൾ ഒഴിവാക്കുകയും ചെയ്യുക.

ഭൂമിക്കപ്പുറത്ത് ജീവിതത്തിന്റെ കണ്ടെത്തൽ: അതിന്റെ ശാസ്ത്രീയവും തത്ത്വചിന്തനപരവുമായ പ്രത്യാഘാതങ്ങൾ.

അദ്ധ്യായം 9: ജ്യോതിശാസ്ത്രത്തിന്റെ ഭാവി: സ്വപ്നത്തിനപ്പുറം 104

- ആഴത്തിലുള്ള പര്യവേഷണത്തിനായി ടെക്നോളജിക്കൽ പുരോഗതിയും അടുത്ത തലമുറ ദൂരദർശികളും.

- ധാർമ്മിക പരിഗണനകൾ: ഗ്രഹ സംരക്ഷണം മലിനീകരണം ഒഴിവാക്കുക.

- ജ്യോതിഷികൾ, ജീവശാസ്ത്രജ്ഞർ, എഞ്ചിനീയ രിമാർ, തത്ത്വചിന്തകർ എന്നിവരുടെ ഇടയിലുള്ള ഇന്റർ ഡിസിപ്ലിനറി സഹകരണം.

Chapter 1: A Universe Teeming with Stars:

The vastness of the universe and its billions of galaxies.

Birth and death of stars, planetary formation processes.

The search for habitable zones and Earth's unique conditions.

Origins of life: the debate between spontaneous generation and panspermia.

Chapter 1: A Universe Teeming with Stars:

അദ്ധ്യായം 1: നക്ഷത്രങ്ങളെ നിറഞ്ഞ ആകാശം:

ആകാശഗംഗയുടെ അനന്തതയും അതിലെ കോടാനുകോടി നക്ഷത്രരാജ്യങ്ങളും

നമ്മുടെ കണ്ണെത്താത്ത ദൂരത്തേക്ക് വ്യാപിച്ചുകിടക്കുന്ന വിസ്മയകരമായ ഒരു പ്രപഞ്ചത്തിലാണ് നാം ജീവിക്കുന്നത്. നക്ഷത്രങ്ങൾ കൊണ്ട് തുന്നിച്ചേർത്ത വസ്ത്രം പോലെ തിളക്കുന്ന കോടാനുകോടി നക്ഷത്രരാജ്യങ്ങൾ അതിനെ അലങ്കരിക്കുന്നു. ആ ദൂരത്തേക്ക് നമ്മുടെ കണ്ണുകളുടെ ഇത്തിരി വെളിച്ചം എത്താൻ ശതകോടികളിരട്ടി കൊല്ലങ്ങൾ വേണം. മനുഷ്യമനസ്സിന് ഗ്രഹിക്കാനാവാത്ത ഒരു വിസ്മയമാണ് ഈ അനന്തത.

അനേകം നക്ഷത്രങ്ങൾ ചേർന്നാണ് ഒരു നക്ഷത്രരാജ്യം ഉണ്ടാകുന്നത്. നമ്മുടെ നക്ഷത്രരാജ്യത്തെ നക്ഷത്രപഥം എന്നു വിളിക്കുന്നു. അതിൽ കോടാനുകോടി നക്ഷത്രങ്ങളുണ്ട്. അവയ്ക്കൊക്കെയും സ്വന്തം സൗരയൂ Hę മുണ്ട്. ഭൂമിയെപ്പോലെയുള്ള ഗ്രഹങ്ങൾ വലയം ചെയ്യുന്ന സൂര്യൻ പോലുള്ള നക്ഷത്രങ്ങളടങ്ങിയ വ്യവസ്ഥയാണ് സൗരയൂ Hę. നക്ഷത്രപഥത്തിലെ നക്ഷത്രങ്ങളിലൊന്നാണ്

നമ്മുടെ സൂര്യൻ. അതിന്റെ ഒൻപതാമത്തെ ഗ്രഹമാണ് നമ്മുടെ ഭൂമി.

നമ്മുടെ നക്ഷത്രപഥത്തിനപ്പുറവും കോടാനുകോടി നക്ഷത്രരാജ്യങ്ങൾ നിലനിൽക്കുന്നു. ഹബിൾ വ്യാഴദൂരദർശി പോലുള്ള ശക്തിശാലികളായ ദൂരദർശികൾ ഉപയോഗിച്ച് ശാസ്ത്രജ്ഞന്മാർ നിരന്തരം പുതിയ നക്ഷത്രരാജ്യങ്ങളെ കണ്ടെത്തുന്നു. ഇതുവരെ കണ്ടെത്തിയ നക്ഷത്രരാജ്യങ്ങളുടെ എണ്ണം കോടാനുകോടി കടന്നുപോയിരിക്കുന്നു. അത്രയും വിസ്മയകരമാണ് പ്രപഞ്ചത്തിന്റെ പരതി.

ഒരോ നക്ഷത്രരാജ്യത്തിലും കോടാനുകോടി സൂര്യൻ പോലുള്ള നക്ഷത്രങ്ങൾ ഉണ്ടെന്നും ഓരോ നക്ഷത്രത്തിനും ഗ്രഹങ്ങൾ വലയം ചെയ്യുന്നെന്നും നമുക്ക് സങ്കൽപ്പിക്കാൻ കഴിയും. ആ ഗ്രഹങ്ങളിൽ ഏതെങ്കിലും ഭൂമിയെപ്പോലെ ജീവിതയോഗ്യമാണോ? ഈ ചോദ്യം ശാസ്ത്രജ്ഞരെ കാലങ്ങളായി അലട്ടിയിരിക്കുന്നു. ഭൂമിക്കപ്പുറത്ത് ജീവന്റെ സാധ്യത തേടിയുള്ള നിരവധി ഗവേഷണങ്ങൾ നടക്കുന്നുണ്ട്.

ജീവിത നിലനിൽക്കാൻ ശേഷിയുള്ള ഗ്രഹങ്ങൾക്ക് ചില പ്രത്യേക സവിശേഷതകൾ ആവശ്യമാണ്. മിതമായ താപനില, ദ്രവരൂപ ജലം, അനുയോജ്യമായ അന്തരീക്ഷം എന്നിവ ഇതിൽ പ്രധാനപ്പെട്ടവയാണ്. നമ്മുടെ സൗരയൂ ഹ്ഴയിൽ

തന്നെ ചൊവ്വാണിയിലും വ്യാഴത്തിന്റെ ചില ഉപഗ്രഹങ്ങളിലും ജീവന്റെ സാധ്യതയെ സൂചിപ്പിക്കുന്ന തെളിവുകൾ ശാസ്ത്രജ്ഞർ കണ്ടെത്തിയിട്ടുണ്ട്. എന്നാൽ ഭൂമിയെപ്പോലെ പൂർണമായും ജീവിതയോഗ്യമായ മറ്റൊരു ഗ്രഹത്തെ ഇതുവരെ കണ്ടെത്തിയിട്ടില്ല.

നക്ഷത്രങ്ങളുടെ ജനനവും മരണവും, ഗ്രഹങ്ങളുടെ രൂപീകരണ പ്രക്രിയകളും

നക്ഷത്രങ്ങളുടെ തിളക്കുന്ന പ്രകാശം നമ്മുടെ രാത്രികളെ അലങ്കരിക്കുന്നു. എന്നാൽ ഈ നക്ഷത്രങ്ങൾ ജനിക്കുകയും മരിക്കുകയും ചെയ്യുന്ന അതിശയകരമായ കഥ ഇരുട്ടിൽ മറഞ്ഞിരിക്കുന്നു. നക്ഷത്രങ്ങളുടെ ജനനവും മരണവും ഗ്രഹങ്ങളുടെ രൂപീകരണവും പ്രപഞ്ചത്തിന്റെ മഹത്തായ നൃത്തത്തിന്റെ ഭാഗങ്ങളാണ്. ഈ ലേഖനത്തിൽ, ഈ പ്രതിഭാസങ്ങൾ എങ്ങനെ സംഭവിക്കുന്നു എന്ന് നമുക്ക് പര്യവേക്ഷണം ചെയ്യാം.

നക്ഷത്രങ്ങളുടെ ജനനം

നക്ഷത്രങ്ങളുടെ ജനനം വൻ ഗുരുത്വാകർഷണ ബലമുള്ള തണുത്ത, ഇടതൂർന്ന ഗ്യാസ് ഏരിയകളിൽ നിന്നാണ് ആരംഭിക്കുന്നത്. ഈ ഗ്യാസ് ഏരിയകളെ നെബുലകൾ എന്നു വിളിക്കുന്നു. ഗുരുത്വാകർഷണം ഈ ഗ്യാസ് ഏരിയയെ ചുരുക്കുകയും ചൂടാക്കുകയും ചെയ്യുന്നു. ചൂടാകുന്നതോടെ, ഗ്യാസ് കൂടുതൽ ഊർജ്ജസ്വലമാകുകയും ന്യൂക്ലിയർ ഫ്യൂഷൻ എന്ന പ്രക്രിയയിലൂടെ ഹൈഡ്രജൻ ഹീലിയമാക്കി മാറ്റുകയും ചെയ്യുന്നു. ഈ ന്യൂക്ലിയർ ഫ്യൂഷൻ പ്രക്രിയയാണ് നക്ഷത്രങ്ങളുടെ ഊർജ്ജസ്രോതസ്സ്.

ചൂടുപിടിച്ച ഗ്യാസ് കൂടുതൽ ചുരുങ്ങുകയും കൂടുതൽ ഗുരുത്വാകർഷണ ബലം ചെലുത്തുകയും ചെയ്യുമ്പോൾ, ഇത് ഒരു പ്രത്യേക സമയബിന്ദുവിൽ എത്തുന്നു. ഈ സമയബിന്ദുവിനെ ഹൈഡ്രോസ്റ്റാറ്റിക് സന്തുലനം എന്നു വിളിക്കുന്നു. ഹൈഡ്രോസ്റ്റാറ്റിക് സന്തുലനത്തിൽ, ഗ്യാസിന്റെ outward റേഡിയേഷൻ പ്രഷർ ഗുരുത്വാകർഷണ ബലത്തെ തുലനം ചെയ്യുന്നു. ഈ ബിന്ദുവിൽ, നക്ഷത്രം ജനിക്കുന്നു.

നക്ഷത്രങ്ങളുടെ മരണം

നക്ഷത്രങ്ങളുടെ ജീവിതകാലം അവയുടെ പിണ്ഡത്തെ ആശ്രയിച്ചിരിക്കുന്നു. കൂടുതൽ പിണ്ഡമുള്ള നക്ഷത്രങ്ങൾ കൂടുതൽ ചൂടും തിളക്കവുമുള്ളവയാണ്, പക്ഷേ അവയുടെ ജീവിതകാലം ഹ്രസ്വവുമാണ്. ചെറിയ പിണ്ഡമുള്ള നക്ഷത്രങ്ങൾ തണുത്തും തിളക്കവും കുറഞ്ഞവയാണ്, പക്ഷേ അവ ദീർഘകാലം ജീവിക്കുന്നു.

നക്ഷത്രങ്ങളുടെ ഊർജ്ജസ്രോതസ്സ് ഹൈഡ്രജൻ ഹീലിയമാക്കി മാറ്റുന്ന ന്യൂക്ലിയർ ഫ്യൂഷൻ പ്രക്രിയയാണെന്ന് നാം മനസ്സിലാക്കി. എന്നാൽ ഹൈഡ്രജൻ ഇല്ലാതാകുമ്പോൾ ഈ പ്രക്രിയ നിർത്തുന്നു. ഹൈഡ്രജൻ ഇല്ലാതാകുമ്പോൾ, നക്ഷത്രത്തിന്റെ കേന്ദ്രം ചുരുങ്ങുകയും ചൂടാകുകയും ചെയ്യുന്നു. ഇത് പുറം പാളികളെ

വികസിപ്പിക്കുകയും നക്ഷത്രത്തെ ഒരു ചുവന്ന ഭീമനാക്കി മാറ്റുകയും ചെയ്യുന്നു.

വികസിപ്പിക്കുകയും നക്ഷത്രത്തെ ഒരു ചുവന്ന ഭീമനാക്കി മാറ്റുകയും ചെയ്യുന്നു.

ജീവിതയോഗ്യ മേഖലകളുടെ തിരച്ചിൽ: ഭൂമിയുടെ അതുല്യ സാഹചര്യങ്ങൾ

നാം ഒറ്റയ്ക്കല്ല. പ്രപഞ്ചത്തിന്റെ വിസ്മയകരമായ വിസ്തൃതിയിൽ മറ്റെവിടെയെങ്കിലും ജീവൻ നിലനിൽക്കുന്നുണ്ടോ എന്ന ചോദ്യം നൂറ്റാണ്ടുകളായി മനുഷ്യമനസ്സിനെ അലട്ടുന്നു. ഈ തിരച്ചിലിൽ കേന്ദ്രസ്ഥാനം വഹിക്കുന്ന ഒന്നാണ് ജീവിതയോഗ്യ മേഖലകൾ (Habitable Zones). ഈ മേഖലകളിൽ ഏതെങ്കിലും ഗ്രഹങ്ങൾക്ക് നമുക്കറിയുന്ന ജീവരൂപം നിലനിൽക്കാനുള്ള അനുകൂല സാഹചര്യങ്ങൾ നിലനിൽക്കുന്നു എന്നാണ് വിശ്വാസം. എന്നാൽ, ഈ ജീവിതയോഗ്യ മേഖലകളുടെ പ്രത്യേകതകളും ഭൂമിയുടെ അതുല്യ സാഹചര്യങ്ങളും മനസ്സിലാക്കിയാണ് നാം ഈ തിരച്ചിൽ ഫലപ്രദമായി മുന്നോട്ട് കൊണ്ടുപോകേണ്ടത്.

ജീവിതയോഗ്യ മേഖലകളുടെ രാജകുമാരി: ദ്രവരൂപ ജലത്തിന്റെ നർത്തനം

ജീവന്റെ നിലനിൽപ്പിന് ഏറ്റവും അനിവാര്യമായ ഘടകം ദ്രവരൂപ ജലമാണ്. ജലം അനേകം ജൈവ പ്രക്രിയകൾക്കും രാസപ്രവർത്തനങ്ങൾക്കും അടിസ്ഥാനമാണ്. ജീവികളുടെ ശരീരത്തിന്റെ പ്രധാന ഘടകവും ജലമാണ്. അതിനാൽ, ഒരു ഗ്രഹത്തിന് ജീവിതയോഗ്യത ആർജിക്കണമെങ്കിൽ അതിൽ

ദ്രവരൂപ ജലം നിലനിൽക്കേണ്ടത് അനിവാര്യമാണ്.

ജീവിതയോഗ്യ മേഖലകളുടെ നിർവചനത്തിൽ ഈ ദ്രവരൂപ ജലത്തിന്റെ നിലനിൽപ്പാണ് നിർണായക വസ്തുത. ഒരു നക്ഷത്രത്തിന്റെ ചുറ്റും പ്രദക്ഷിണം ചെയ്യുന്ന ഗ്രഹം നക്ഷത്രത്തിൽ നിന്നും അനുയോജ്യമായ ദൂരത്ത് സ്ഥിതി ചെയ്യണം. അതായത്, നക്ഷത്രത്തിൽ നിന്ന് അകലം കൂടുതലായാൽ തണുപ്പും നക്ഷത്രത്തിന് അടുപ്പം കൂടുതലായാൽ ചൂടും കൂടും. ഈ താപനില വ്യതിയാനങ്ങൾ ഒരു ഗ്രഹത്തിലെ ദ്രവരൂപ ജലത്തിന്റെ നിലനിൽപ്പിനെ ബാധിക്കും. നക്ഷത്രത്തിൽ നിന്നും അനുയോജ്യമായ ദൂരത്ത് സ്ഥിതി ചെയ്യുന്ന ഗ്രഹം മാത്രമേ ദ്രവരൂപ ജലം നിലനിൽക്കുന്ന ജീവിതയോഗ്യ മേഖലയിൽ വരികയുള്ളൂ.

സൗരയൂഹത്തിലെ ഭൂമിയാണ് ജീവിതയോഗ്യ മേഖലയെക്കുറിച്ചുള്ള നമ്മുടെ ഏക മാതൃക. സൂര്യനിൽ നിന്നുമുള്ള അനുയോജ്യമായ ദൂരം, ശരിയായ അന്തരീക്ഷ ഘടന, ശക്തമായ കാന്തികക്ഷേത്രം എന്നിവ ഭൂമിയെ ജീവിതയോഗ്യമാക്കുന്ന പ്രധാന ഘടകങ്ങളാണ്.

ജീവന്റെ ഉത്ഭവം: സ്വയംജനനവും പാൻസ്പെർമിയയും തമ്മിലുള്ള തർക്കം

നമ്മുടെ ചുറ്റുമുള്ള ജീവനെ നാം കാണുകയും അനുഭവിക്കുകയും ചെയ്യുന്നു. പക്ഷേ, ഈ അത്ഭുതകരമായ പ്രതിഭാസം എങ്ങനെ ആരംഭിച്ചു? ജീവന്റെ ഉത്ഭവം എവിടെയും എങ്ങനെയും എന്ന ചോദ്യം നൂറ്റാണ്ടുകളായി ശാസ്ത്രജ്ഞരെയും തത്ത്വചിന്തകരെയും ആകർഷിച്ചിട്ടുണ്ട്. ഈ വിഷയത്തിൽ രണ്ട് പ്രധാന സിദ്ധാന്തങ്ങൾ നിലനിൽക്കുന്നു: സ്വയംജനനവും പാൻസ്പെർമിയയും.

സ്വയംജനനം: ഭൂമിയിലെ ജീവിന്റെ ജനന നൃത്തം

സ്വയംജനന സിദ്ധാന്തമനുസരിച്ച്, ഏകദേശം 4 ബില്യൺ വർഷങ്ങൾക്ക് മുമ്പ് ഭൂമിയിൽ കോടാനുകോടി ലളിതമായ രാസസംയുക്തങ്ങൾ നിലനിന്നിരുന്നു. ഈ രാസസംയുക്തങ്ങൾ, പ്രകാശം, വൈദ്യുതി, ചൂട് തുടങ്ങിയ ഊർജ്ജസ്രോതസ്സുകളുടെ പ്രഭാവത്താൽ സങ്കീർണത കൈവരിച്ചു. ഈ സങ്കീർണത ക്രമേണ ഡിഎൻഎയിലേക്കും ആദ്യകാല ജീവരൂപങ്ങളിലേക്കും പരിണമിച്ചു. ഈ സിദ്ധാന്തം ജീവൻ ഭൂമിയിൽത്തന്നെ ഉത്ഭവിച്ചതാണെന്ന് നിർദ്ദേശിക്കുന്നു.

സ്വയംജനനത്തിന്റെ പ്രവർത്തനത്തെ വിശദീകരിക്കാൻ നിരവധി പരീക്ഷണങ്ങൾ

നടന്നിട്ടുണ്ട്. മില്ലർ-യുറേയ് പരീക്ഷണം അതിൽ പ്രസിദ്ധമാണ്. ഈ പരീക്ഷണത്തിൽ, ഭൂമിയുടെ പ്രാരംഭ അന്തരീക്ഷത്തെ അനുകരിച്ചുകൊണ്ട് മീഥേൻ, അമോണിയ, ഹൈഡ്രജൻ, വെള്ളം എന്നീ രാസസംയുക്തങ്ങൾ വൈദ്യുതി വഴി ചൂടാക്കി. അതിശയകരമെന്നു പറയട്ടെ, ഈ പ്രക്രിയയിൽ അമിനോ ആസിഡുകൾ പോലുള്ള ജീവന്റെ അടിസ്ഥാന ഘടകങ്ങൾ രൂപീകൃതമായി. ഇത്തരം പരീക്ഷണങ്ങൾ സ്വയംജനന സിദ്ധാന്തത്തിന് ശക്തി പകരുന്നു.

എന്നാൽ, സ്വയംജനന സിദ്ധാന്തത്തിനും പരിമിതികളുണ്ട്. ജീവനെ ഇത്രയും ലളിതമായ രാസസംയുക്തങ്ങളിൽ നിന്ന് എങ്ങനെ ഉയർന്നുവന്നു എന്നതിന്റെ കൃത്യമായ ഘട്ടങ്ങൾ ഇതുവരെ നമുക്ക് പൂർണമായി മനസ്സിലാക്കാനായിട്ടില്ല. ജീവൻ ആദ്യമായി എങ്ങനെ രൂപംകൊണ്ടു എന്ന ചോദ്യത്തിന് ഇതുവരെ നിർണ്ണായകമായ ഉത്തരം ലഭിച്ചിട്ടില്ല.

Chapter 2: Defining "Life" and Its Building Blocks:

- Characteristics of life on Earth: organization, homeostasis, adaptation, etc.

- Biomolecules and their role in life: DNA, proteins, carbohydrates, etc.

- Extremophiles: life thriving in extreme environments on Earth.

- Astrobiology: the scientific study of potential life beyond Earth

Chapter 2: Defining "Life" and Its Building Blocks:

അദ്ധ്യായം 2: "ജീവൻ" നിർവചിക്കുകയും അതിന്റെ അടിസ്ഥാനഘടകങ്ങൾ കണ്ടെത്തുകയും:

ഭൂമിയിലെ ജീവന്റെ സ്വഭാവങ്ങൾ: കോർപ്പറേഷൻ, സ്വയം നിയന്ത്രണം, പൊരുത്തപ്പെടുത്തൽ തുടങ്ങിയവ

നമ്മുടെ ചുറ്റുപാടിൽ കാണുന്ന അത്ഭുതകരമായ വൈവിധ്യത്തിന് കാരണമായ ഭൂമിയിലെ ജീവൻ എങ്ങനെ പ്രവർത്തിക്കുന്നു എന്നത് ശാസ്ത്രലോകത്തെ ഒരിക്കലും അവസാനിക്കാത്ത തിരച്ചിലിന്റെ വിഷയമാണ്. എല്ലാ ജീവരൂപങ്ങളും പങ്കുവയ്ക്കുന്ന ചില പ്രധാന സ്വഭാവങ്ങൾ ഉണ്ട്, അവ അവയെ അജീവ വസ്തുക്കളിൽ നിന്ന് വേർതിരിച്ച് സവിശേഷമാക്കുന്നു. ഈ സവിശേഷതകൾ അവയുടെ കോർപ്പറേഷൻ, സ്വയം നിയന്ത്രണം, പരിസ്ഥിതിയോടുള്ള പൊരുത്തപ്പെടുത്തൽ എന്നിവ ഉൾപ്പെടുന്നു. ഈ ലേഖനത്തിൽ, ജീവന്റെ പ്രധാന സ്വഭാവങ്ങളെ സൂക്ഷ്മമായി പരിശോധിക്കാം.

കോർപ്പറേഷൻ: ചലിക്കുന്ന യന്ത്രം

ഒരു സെല്ലിൽ നിന്നോ കോടീക്കണക്കിന് സെല്ലുകൾ ചേർന്ന് രൂപീകരിച്ച അവയവങ്ങളിൽ നിന്നോ ആണെങ്കിലും, എല്ലാ ജീവരൂപങ്ങളും ചലിക്കുന്ന യന്ത്രങ്ങൾ പോലെയാണ് പ്രവർത്തിക്കുന്നത്. സെല്ലുകൾ ജീവന്റെ അടിസ്ഥാന ഘടകങ്ങളാണ്, ഓരോന്നും പ്രത്യേക ഫംഗ്ഷനുകൾ നിർവഹിക്കുന്ന സങ്കീർണ ഘടനകളാണ്. അണുകേന്ദ്രം, എൻഡോപ്ലാസ്മിക റെറ്റിക്കുലം, ഗോൾഗി ഉപകരണം, മൈറ്റോകോണ്ട്രിയ, റൈബോസോമുകൾ എന്നിവ ഈ പ്രധാന സെല്ലു അവയവങ്ങൾ ചില ഉദാഹരണങ്ങളാണ്. ഈ അവയവങ്ങൾ ഏകോപിച്ച് പ്രവർത്തിക്കുകയും, പദാർഥങ്ങളുടെ ഗതാഗതം, ഊർജ്ജ ഉത്പാദനം, പ്രതിരോധം, പ്രത്യുൽപാദനം തുടങ്ങിയ പ്രകിയകൾ നിർവഹിക്കുകയും ചെയ്യുന്നു.

ഉയർന്ന ജീവികളിൽ, അവയവങ്ങൾ കൂടുതൽ സങ്കീർണമായി സംഘടിപ്പിച്ചിരിക്കുന്നു. ഉദാഹരണത്തിന്, നമ്മുടെ ശരീരത്തിൽ ഹൃദയം രക്തം പമ്പ് ചെയ്യുന്നു, ശ്വാസകോശങ്ങൾ ഓക്സിജൻ ശേഖരിക്കുകയും കാർബൺ ഡൈ ഓക്സൈഡ് പുറത്തുവിടുകയും ചെയ്യുന്നു, ദഹനനാളം ഭക്ഷണത്തെ വിഘടിപ്പിക്കുകയും പോഷകങ്ങൾ ആഗിരണം ചെയ്യുകയും ചെയ്യുന്നു. ഈ അവയവങ്ങളെല്ലാം ഒന്നിച്ചു പ്രവർത്തിക്കുകയും ഏകീകൃത ജീവന പ്രവർത്തനങ്ങൾ നടത്തുകയും ചെയ്യുന്നു.

സ്വയം നിയന്ത്രണം: ആന്തരിക ഗൃഹനില

ജീവരൂപങ്ങൾ അവയുടെ ആന്തരിക അന്തരീക്ഷത്തെ സ്ഥിരതയുള്ള അവസ്ഥയിൽ നിലനിറുത്താൻ കഴിവുള്ളവയാണ്.

ജീവിതത്തിന്റെ കെട്ടീടുകൾ: ജൈവതന്മാക്കളും അവയുടെ പങ്ക്

നമ്മുടെ ശരീരത്തിലെ കോടാനുകോടി കോശങ്ങളിൽ നിന്നും ഭീമൻ തിമിംഗിലങ്ങളുടെ ശരീരത്തിലെ വരെ പ്രകൃതി നെയ്തെടുത്ത വിസ്മയകരമായ കാഴ്ചയാണ് ജീവൻ. ഈ അത്ഭുതത്തിന് പിന്നിൽ പ്രവർത്തിക്കുന്ന നിരവധി ചെറിയ യന്ത്രങ്ങൾ ഉണ്ട് - ജൈവതന്മാക്കൾ. ഡിഎൻഎ, പ്രോട്ടീനുകൾ, കാർബോഹൈഡ്രേറ്റുകൾ, ലിപിഡുകൾ തുടങ്ങിയ രാസസംയുക്തങ്ങളാണ് ഈ ജൈവതന്മാക്കൾ നിർമ്മിക്കുന്നത്. ഓരോന്നിനും ജീവനെ നിലനിർത്തുന്നതിൽ അനിവാര്യമായ പങ്കുണ്ട്. ഈ ലേഖനത്തിൽ, പ്രധാന ജൈവതന്മാക്കളെയും അവയുടെ പ്രവർത്തനങ്ങളെയും നമുക്ക് പരിശോധിക്കാം.

ജീവിതത്തിന്റെ നീലപുസ്തകം: ഡിഎൻഎ

ഒരു കോശത്തിലെ എല്ലാ ജീവന പ്രവർത്തനങ്ങളുടെയും ബ്ലൂപ്രിന്റ് ഡിഎൻഎ അഥവാ ഡിയോക്സി റൈബോ ന്യൂക്ലിയക് ആസിഡ് എന്ന കൂടക്കൂറ്റാൻ അറിയപ്പെടുന്ന രാസസംയുക്തത്തിലാണ് അടങ്ങിയിരിക്കുന്നത്. ജീവികളുടെ ശരീരഘടന, പ്രവർത്തനങ്ങൾ എന്നിവ നിർണയിക്കുന്ന ജനിതക കോഡ് ഈ ചുരുളഴിയാത്ത നീല ത്രെഡിൽ അടങ്ങിയിരിക്കുന്നു. ഡിഎൻഎ രണ്ട് ഫോസ്ഫേറ്റ്-ഷുഗർ ടെട്രാനുക്ലിയോടെടെഡ്

ശൃംഖലകൾ ഇരട്ട ചുരുളഴിഞ്ഞ രൂപത്തിലാണ് നിലനിൽക്കുന്നത്. അഡെനിൻ (A), ഗ്വാനിൻ (G), സൈറ്റോസിൻ (C), തൈമിൻ (T) എന്നീ നാല് ന്യൂക്ലിയോടൈഡുകളാണ് ഈ ശൃംഖലകളുടെ കണ്ണികൾ. ജനിതക വിവരങ്ങൾ ഈ ന്യൂക്ലിയോടൈഡുകളുടെ ക്രമത്തിൽ എൻകോഡ് ചെയ്യപ്പെട്ടിരിക്കുന്നു.

ഡിഎൻഎ ജീവന്റെ തുടർച്ചയ്ക്ക് അനിവാര്യമാണ്. കോശ വിഭജന സമയത്ത് ഡിഎൻഎ തന്നെ പകർത്തിയെടുക്കുകയും പുതിയ കോശങ്ങൾക്ക് കൈമാറുകയും ചെയ്യുന്നു. ഇങ്ങനെ ജീവികളുടെ ജനിതക കോഡ് തലമുറകളിലേക്ക് കൈമാറുന്നു. പരിണാമ പ്രക്രിയയിലും ഡിഎൻഎ നിർണായക പങ്ക് വഹിക്കുന്നു. പരിസ്ഥിതിയുമായുള്ള ഇടപഴയലിലൂടെ ഉണ്ടാകുന്ന ഉൽപരിവർത്തനങ്ങൾ ജീവികളുടെ ഡിഎൻഎയിൽ മാറ്റങ്ങൾ വരുത്തുകയും പുതിയ സ്വഭാവങ്ങൾ ഉയർന്നുവരുന്നതിനും കാരണമാകുന്നു.

ജീവന്റെ നിർമാതാക്കൾ: പ്രോട്ടീനുകൾ

ഡിഎൻഎ നിർദേശങ്ങൾ പ്രവർത്തനരൂപത്തിലേക്ക് മാറ്റുന്നത് പ്രോട്ടീനുകൾ എന്ന രാസസംയുക്തങ്ങളിലൂടെയാണ്.

ഭൂമിയുടെ അതിഭീകരമായ പരിസ്ഥിതികളിൽ പുഷ്പിക്കുന്ന ജീവൻ: എക്സ്ട്രീമോഫൈലുകൾ

മരുഭൂമികളുടെ ചൂടിൽ വെന്തുരുകുന്ന ബാക്ടീരിയകളിൽ നിന്ന് അഗ്നിപർവതങ്ങളുടെ അഗാധതയിൽ തഴച്ചുവളരുന്ന ആർക്കിയകളിലേക്ക്, ഭൂമി നമുക്ക് സങ്കൽപ്പിക്കാൻ പോലും കഴിയാത്ത അതിഭീകരമായ പരിസ്ഥിതികളിൽ പുഷ്പിക്കുന്ന അതുല്യ ജീവരൂപങ്ങളുടെ വിസ്മയകരമായ കഥയാണ് എക്സ്ട്രീമോഫൈലുകളുടെ കഥ. ഈ ജീവികൾ അസാധാരണമായ ഊഷ്മളത, തണുപ്പ്, അമിത ലവണം, ആസിഡിറ്റി, മർദ്ദം എന്നിവയെ അതിജീവിക്കാനുള്ള അസാധാരണ കഴിവ് കാണിക്കുന്നു. അവയുടെ നിലനിൽപ്പിനു പിന്നിലെ ഒളിഞ്ഞിരിക്കുന്ന അനുയോജനങ്ങൾ ശാസ്ത്രജ്ഞരെ ഇന്നും അത്ഭുതപ്പെടുത്തുന്നു.

ചൂടു പുണർന്നവർ: തീയുടെ കാവലാളുകൾ

അഗ്നിപർവതങ്ങളുടെ പുകയുന്ന ചരിവുകളിൽ, 400 ഡിഗ്രി സെൽഷ്യസ് വരെയുള്ള താപനിലയിൽ, തെർമോഫൈലിക് ആർക്കിയകൾ എന്ന ജീവികൾ സമൃദ്ധിയിൽ വളരുന്നു. ഇവയുടെ സെൽ മെംബ്രേൺ പ്രത്യേക തരത്തിലുള്ള കൊഴുപ്പുകളാൽ നിർമ്മിതമാണ്, അവ അതി ഊഷ്മളതയിലും ദൃഢത പുലർത്തുന്നു. കൂടാതെ, അവയുടെ

എൻസൈമുകൾ ഈ ഉയർന്ന താപനിലയിൽ പ്രവർത്തിക്കാനുള്ള കഴിവ് നേടിയെടുത്തിട്ടുണ്ട്.

അഗ്നിപർവത ദ്വാരങ്ങളിൽ പോലും തഴച്ചുവളരുന്ന എക്സ്ട്രീമോഫൈലുകളെ ശാസ്ത്രജ്ഞർ കണ്ടെത്തിയിട്ടുണ്ട്. 2008 ൽ, ഈ ആർക്കിയകളെ ലോകത്തിലെ ഏറ്റവും ചൂടുള്ള അറിയപ്പെടുന്ന ജീവരൂപം എന്ന് തിരിച്ചറിഞ്ഞു. അവ വെള്ളം കപ്പലോടു പൊട്ടിത്തെറിക്കുന്ന പ്രതലങ്ങളിൽ 122 ഡിഗ്രി സെൽഷ്യസ് വരെയുള്ള താപനിലയിൽ പുഷ്ടിക്കുന്നു. ഈ അവിശ്വസനീയമായ പൊരുത്തപ്പെടുത്തലുകൾ എക്സ്ട്രീമോഫൈലുകളെ ജീവന്റെ ഉത്ഭവത്തെക്കുറിച്ചുള്ള പഠനങ്ങളിൽ പ്രധാനപ്പെട്ട ഘടകമാക്കുന്നു.

തണുപ്പിന്റെ കുട്ടികൾ: ഹിമകാന്തം തഴച്ചുവളരുന്ന ഇടം

ഭൂമിയുടെ വിസ്മയകരമായ വൈവിധ്യത്തിൽ തണുപ്പിന്റെയും ഹിമത്തിന്റെയും അതിജീവനമാണു മറ്റൊരു കാഴ്ച. ഹിമകാന്തങ്ങളിൽ നിന്നും ആർട്ടിക് മേഖലകളിൽ നിന്നും കണ്ടെത്തിയ സൈക്രോഫൈലിക് ബാക്ടീരിയകൾ -150 ഡിഗ്രി സെൽഷ്യസ് വരെയുള്ള തണുപ്പിൽ ആനന്ദത്തോടെ ജീവിക്കുന്നു.

ജീവൻ നമുക്ക് മാത്രമുള്ളതല്ല - ഭൂമിക്കപ്പുറത്തെ ശാസ്ത്രീയ ജീവനസാധ്യതയുടെ തിരച്ചിൽ: ജ്യോതിജീവശാസ്ത്രം

നക്ഷത്രനിബിഡമായ ആകാശഗംഗയുടെ വിസ്തൃതിയിൽ നാം തനിച്ചല്ലെന്ന ചിന്ത നൂറ്റാണ്ടുകളായി മനുഷ്യമനസ്സിനെ ആകർഷിച്ചിട്ടുണ്ട്. ഫലമോ, പ്രപഞ്ചത്തിന്റെ മറ്റ് കോണുകളിൽ ജീവന്റെ നിലനിൽപ്പിനുള്ള സാധ്യത പര്യവേക്ഷണം ചെയ്യുന്ന ശാസ്ത്രീയ വിഭാഗമാണ് ജ്യോതിജീവശാസ്ത്രം. ഈ ലേഖനത്തിൽ, ജ്യോതിജീവശാസ്ത്രത്തിന്റെ ലക്ഷ്യങ്ങളും അതിന്റെ വെല്ലുവിളികളും നമുക്ക് പരിശോധിക്കാം.

ജീവന്റെ പാദടയടയാളങ്ങൾ തേടുന്നു: ജ്യോതിജീവശാസ്ത്രത്തിന്റെ ലക്ഷ്യം

ജ്യോതിജീവശാസ്ത്രം പ്രപഞ്ചത്തിൽ മറ്റെവിടെയെങ്കിലും ജീവൻ നിലനിൽക്കുന്നുണ്ടോ എന്ന ചോദ്യത്തിന് ഉത്തരം നൽകാൻ ശ്രമിക്കുന്നു. ഇതിനായി, നക്ഷത്രങ്ങൾ, ഗ്രഹങ്ങൾ, ഉപഗ്രഹങ്ങൾ തുടങ്ങിയ ആകാശഗോളങ്ങളിൽ ജീവനുണ്ടാകാൻ സാധ്യതയുള്ള സാഹചര്യങ്ങൾ തിരയുന്നു. ജീവന്റെ അടിസ്ഥാന ഘടകങ്ങൾ കണ്ടെത്തുന്നതിലൂടെയും ജീവൻ നിലനിൽക്കുന്നതിനുള്ള രാസപ്രവർത്തനങ്ങൾക്ക് സാധ്യതയുള്ള

പരിസ്ഥിതികൾ കണ്ടെത്തുന്നതിലൂടെയും ഈ തിരച്ചിൽ നടക്കുന്നു.

ജ്യോതിജീവശാസ്ത്രത്തിന്റെ ഗവേഷണരീതികൾ വൈവിധ്യപൂർണ്ണമാണ്. ശക്തമായ ദൂരദർശികൾ ഉപയോഗിച്ച് ഗ്രഹങ്ങളുടെ അന്തരീക്ഷം പരിശോധിക്കുകയും അവിടെ ജീവന്റെ അടയാളങ്ങളായ ജലം, മീഥേൻ, ഓക്സിജൻ തുടങ്ങിയ രാസസംയുക്തങ്ങൾ തിരയുകയും ചെയ്യുന്നു. ടെലിസ്കോപ്പുകളിലൂടെ ഭൂമിക്കു സമാനമായ ഗ്രഹങ്ങളെ കണ്ടെത്തുകയും അവയുടെ ജീവയോഗ്യ മേഖലയിൽ കാണപ്പെടുന്നതിനുള്ള സാധ്യത വിലയിരുത്തുകയും ചെയ്യുന്നു. ഇതുവരെ, ബഹിരാകാശത്ത് നൂറുകണക്കിന് സാധ്യതയുള്ള ജീവയോഗ്യ മേഖലകളിലെ ഗ്രഹങ്ങളെ ശാസ്ത്രജ്ഞർ കണ്ടെത്തിയിട്ടുണ്ട്.

പ്രപഞ്ചത്തിന്റെ പ്രതിരോധങ്ങൾ: ജ്യോതിജീവശാസ്ത്രത്തിന്റെ വെല്ലുവിളികൾ

ജ്യോതിജീവശാശാസ്ത്രം വളരെ വെല്ലുവിളികൾ നിറഞ്ഞ ഒരു ശാസ്ത്രീയ മേഖലയാണ്. ഭൂമിയിൽ നിന്ന് ലക്ഷക്കണക്കിന് പ്രകാശവർഷങ്ങൾ അകലെ സ്ഥിതി ചെയ്യുന്ന ആകാശഗോളങ്ങളെയാണ് നാം പഠനവിധേയമാക്കുന്നത്. അതിനാൽ, നേരിട്ട് സന്ദർശിക്കുകയോ പരീക്ഷണങ്ങൾ നടത്തുകയോ ചെയ്യുക സാധ്യമല്ല. ടെലിസ് കോപ്പുകളിൽ നിന്നും ലഭിക്കുന്ന ദൂരെയുള്ള

ഡാറ്റയെ ആശ്രയിക്കുക മാത്രമേ നമുക്ക് ചെയ്യാനാകൂ.

Chapter 3: Earth's Biosphere and Its Lessons:

Interconnectedness of Earth's ecosystems and the biosphere.

Evolution shaping biodiversity and adaptations to diverse environments.

Geological record of past life and extinction events.

Lessons for recognizing biosignatures: potential signs of life on other planets.

Chapter 3: Earth's Biosphere and Its Lessons:

അദ്ധ്യായം 3: ഭൂമിയുടെ ജൈവമണ്ഡലവും അതിന്റെ പാഠങ്ങൾ:

ഭൂമിയുടെ ആവാസവ്യവസ്ഥി: പരസ്പരം പിണഞ്ഞു കിടക്കുന്ന നാടകം

നമ്മുടെ ഭൂമി ഒരു അത്ഭുതകരമായ ജീവജാലമാണ്. വനങ്ങൾ, മരുഭൂമികൾ, കടലുകൾ, മഞ്ഞുമലകൾ എന്നിങ്ങനെ വൈവിധ്യമാർന്ന ആവാസവ്യവസ്ഥകളാൽ നിർമ്മിതമാണ് ഈ ഗ്രഹം. ഓരോ ആവാസവ്യവസ്ഥയും അവിടെ കാണപ്പെടുന്ന ജീവരൂപങ്ങളുടെയും അജീവഘടകങ്ങളുടെയും ഒരു സങ്കീർണ സമ്മിശ്രണമാണ്. എന്നാൽ, ഈ ആവാസവ്യവസ്ഥകൾ ഒറ്റപ്പെട്ട ദ്വീപുകളല്ല. വിചിത്രമായ ഇഴകളാലും പറക്കുന്ന മൃഗങ്ങളാലും നിറഞ്ഞ ഒരു കാട് വെറും വൃക്ഷങ്ങളുടെ ഒരു ശേഖരം മാത്രമല്ല. അത് ദേശാടനക്കിളികളുടെ ഇടവഴിയും മഴു ചീരുന്ന പുഴകളുടെ താളവുമാണ്. ഈ ആവാസവ്യവസ്ഥയുടെ ഓരോ ഘടകവും മറ്റുള്ളവരുമായി അഭേദ്യമായി ബന്ധപ്പെട്ടിരിക്കുന്നു, പ്രകൃതിയുടെ വിസ്മയകരമായ ഒരു നാടകം സൃഷ്ടിക്കുന്നു.

ജീവന്റെ നൃത്തം: ഊർജ്ജത്തിന്റെ പ്രവാഹം

ഈ പരസ്പര ബന്ധങ്ങളുടെ കേന്ദ്രസ്ഥാനത്ത് ഊർജ്ജത്തിന്റെ ഒഴുക്കുണ്ട്. സൂര്യൻ ഭൂമിയിലേക്ക് ഊർജ്ജം അയയ്ക്കുകയും ഹരിത സസ്യങ്ങൾ ഫോട്ടോസിന്തസിസ് വഴി ഈ ഊർജ്ജത്തെ പിടിച്ചെടുക്കുകയും ചെയ്യുന്നു. ഈ പിടിച്ചെടുത്ത ഊർജ്ജം സസ്യങ്ങളുടെ ശരീരത്തിൽ സംഭരിക്കപ്പെടുകയും പിന്നീട് മറ്റ് പല ജീവികളും ഭക്ഷണമായി ഉപയോഗിക്കുകയും ചെയ്യുന്നു. ഈ ഭക്ഷണപരമ്പര വഴി, ഊർജ്ജം ഒരു ആവാസവ്യവസ്ഥയിലുടനീളം പ്രവഹിക്കുന്നു, എല്ലാ ജീവരൂപങ്ങൾക്കും അവയുടെ പ്രവർത്തനങ്ങൾ നടത്താനുള്ള ഇന്ധനം നൽകുന്നു.

ഉദാഹരണത്തിന്, ഒരു കാട്ടിൽ, പ്രകാശസംയോജനം ചെയ്യുന്ന വൃക്ഷങ്ങൾ പ്രാഥമിക ഉത്പാദകരാണ്. അവ ഇലകളും ശാഖകളും ഉണ്ടാക്കുകയും, ഈ ഭക്ഷണത്തെ കീടങ്ങൾ പോലുള്ള പ്രാഥമിക ഉപഭോക്താക്കൾ ഭക്ഷിക്കുകയും ചെയ്യുന്നു. തുടർന്ന്, കീടങ്ങളെ ചെറിയ പക്ഷികൾ ഭക്ഷിക്കുന്നു, ചെറിയ പക്ഷികളെ വേട്ടക്കിളികൾ ഭക്ഷിക്കുന്നു. ഈ ഭക്ഷണപരമ്പരയിലെ ഓരോ ഘടകവും മറ്റുള്ളവരുടെ നിലനിൽപ്പിനെ ആശ്രയിച്ചാണ് നിലനിൽക്കുന്നത്. വൃക്ഷങ്ങൾ ഇല്ലെങ്കിൽ കീടങ്ങൾക്ക് ഭക്ഷണം ഇല്ല, കീടങ്ങൾ ഇല്ലെങ്കിൽ പക്ഷികൾക്ക് ഭക്ഷണം ഇല്ല, പക്ഷികൾ

ഇല്ലെങ്കിൽ വേട്ടക്കിളികൾക്ക് ഭക്ഷണം ഇല്ല എന്നിങ്ങനെ.

ഇല്ലെങ്കിൽ വേട്ടക്കിളികൾക്ക് ഭക്ഷണം ഇല്ല എന്നിങ്ങനെ.

പരിണാമത്തിന്റെ ജീവവൈവിധ്യവും പൊരുത്തപ്പെടുത്തലും

കളി: പരിതസ്ഥിതി

ഭൂമിയിലെ അതിശയകരമായ ജീവജാലങ്ങളുടെ വൈവിധ്യത്തിന് പിന്നിൽ പ്രവർത്തിക്കുന്ന അസാധാരണ ശക്തിയാണ് പരിണാമം. നിരവധി ദശലക്ഷം വർഷങ്ങളായി നടന്നുകൊണ്ടിരിക്കുന്ന ഈ പ്രക്രിയ, ജീവികളെ അവയുടെ പരിസ്ഥിതിക്കനുസരിച്ച് പൊരുത്തപ്പെടുത്തുകയും പുതിയ സ്വഭാവങ്ങൾ ഉയർന്നുവരുന്നതിനും കാരണമാകുന്നു. ഈ ലേഖനത്തിൽ, പരിണാമം ജീവവൈവിധ്യം രൂപപ്പെടുത്തുകയും വ്യത്യസ്ത പരിസ്ഥിതികളിൽ പൊരുത്തപ്പെടുത്തലുകൾ സൃഷ്ടിക്കുകയും ചെയ്യുന്ന രീതിയെ നമുക്ക് പരിശോധിക്കാം.

നാച്ചുറൽ തിരഞ്ഞെടുപ്പ്: പരിണാമത്തിന്റെ എഞ്ചിൻ

പരിണാമത്തിന്റെ അടിസ്ഥാന ഘടകം നാച്ചുറൽ തിരഞ്ഞെടുപ്പാണ്. ഒരു ജീവിവർഗത്തിന്റെ ആളുകളിൽ ജനിതക വ്യതിയാനം സ്വാഭാവികമായി ഉണ്ടാകുന്നു. ഈ വ്യതിയാനങ്ങളിൽ ചിലത്, പ്രത്യേക പരിസ്ഥിതിയിൽ അതിജീവിക്കാനും പ്രത്യുൽപാദിക്കാനുമുള്ള കൂടുതൽ കഴിവ് ഒരു ജീവിക്ക് നൽകുന്നു. ഉദാഹരണത്തിന്, ഒരു കൊട്ടിൽ, നീളമുള്ള കഴുത്തുള്ള ജിറാഫുകൾ ഉയരത്തിലുള്ള ഇലകൾ എത്തി ഭക്ഷിക്കാൻ

കഴിയുന്നതിനാൽ, അവർക്ക് കുറിയ കഴുത്തുള്ള ജിറാഫുകളേക്കാൾ അതിജീവിക്കാനും പ്രത്യുൽപാദിക്കാനും കൂടുതൽ സാധ്യതയുണ്ട്. ഈ കൂടുതൽ പ്രത്യുൽപാദനം നീളമുള്ള കഴുത്തുള്ള ജീനിന്റെ കൂടുതൽ പ്രചാരത്തിലേക്ക് നയിക്കുന്നു, അങ്ങനെ അടുത്ത തലമുറയിൽ കൂടുതൽ നീളമുള്ള കഴുത്തുള്ള ജിറാഫുകൾ ഉണ്ടാകും.

നാച്ചുറൽ തിരഞ്ഞെടുപ്പ് ക്രമേണ ജീവിവർഗത്തിന്റെ ജനിതക മേക്കപ്പ് മാറ്റുകയും പുതിയ സ്വഭാവങ്ങൾ ഉയർന്നുവരുന്നതിനും കാരണമാകുന്നു. ഈ പുതിയ സ്വഭാവങ്ങൾ പരിസ്ഥിതിയിലെ മാറ്റങ്ങൾക്കനുസരിച്ച് പൊരുത്തപ്പെടുത്തലുകൾ നൽകുകയും ജീവിവർഗത്തിന്റെ നിലനിൽപ്പിനെ സഹായിക്കുകയും ചെയ്യുന്നു.

ജീവവൈവിധ്യത്തിന്റെ കലവറ: പരിണാമത്തിന്റെ ഫലം

പരിണാമം നിരവധി വ്യത്യസ്ത പരിസ്ഥിതികളിൽ പൊരുത്തപ്പെട്ട ജീവികളുടെ ഒരു അതിശയകരമായ ശേഖരം സൃഷ്ടിച്ചിട്ടുണ്ട്. ഒറ്റ ദ്വീപിൽ തന്നെ നിരവധി വ്യത്യസ്ത തരം പ്രാണികളും പക്ഷികളും സസ്യങ്ങളും കാണപ്പെടുന്നത് പരിണാമത്തിന്റെ മികച്ച ഉദാഹരണമാണ്. ഉദാഹരണത്തിന്, ഹവായി ദ്വീപുകളിൽ കൊക്കുകളുടെ 11 വ്യത്യസ്ത

ഇനങ്ങൾ ഉണ്ട്, എല്ലാം ഒരേ പൂർവികനിൽ നിന്ന് പരിണമിച്ചുവന്നതാണ്.

ഇനങ്ങൾ ഉണ്ട്, എല്ലാം ഒരേ പൂർവികനിൽ നിന്ന് പരിണമിച്ചുവന്നതാണ്.

ഭൂമിയുടെ സ്മരണക്കുറിപ്പ്: പുരാതന ജീവന്റെയും വംശനാശങ്ങളുടെയും ഭൂഗർഭ രഹസ്യങ്ങൾ

നമ്മുടെ ഭൂമി വിസ്മയകരമായി പഴയതാണ്. കോടാനുകോടി വർഷങ്ങളായി അതിന്റെ ഉപരിതലത്തിൽ നടന്ന നാടകത്തിന്റെ സാക്ഷിയാണ് അതിന്റെ ഭൂഗർഭ പാളികൾ. ഈ പാളികളിൽ ഒളിഞ്ഞിരിക്കുന്നത് പുരാതന ജീവന്റെ കഥയാണ് - ഒരിക്കൽ ഫ്ലോറിഷ് ചെയ്തിരുന്ന, എന്നാൽ ഇപ്പോൾ നഷ്ടപ്പെട്ടുപോയ ജീവികളുടെയും അവയുടെ അതിജീവനത്തിന്റെയും പരാജയത്തിന്റെയും നിഗൂഢ രഹസ്യങ്ങൾ. ഈ ലേഖനത്തിൽ, ഭൂഗർഭ പാളികളിൽ നിന്ന് നമുക്ക് ലഭിക്കുന്ന വിവരങ്ങൾ ഉപയോഗിച്ച്, പുരാതന ജീവന്റെ ചരിത്രവും കൂട്ടനാശങ്ങളുടെ കെട്ട് തുറക്കുകയും ചെയ്യാം.

ഫോസിലുകളുടെ കഥ: ഒരു ഭൂമി കൈമാറുന്നു

ഭൂഗർഭ പാളികളിൽ നാം കണ്ടെത്തുന്ന ഏറ്റവും പ്രധാനപ്പെട്ട തെളിവുകൾ ഫോസിലുകളാണ്. ഇവ കാറ്റും വെള്ളവും മഴയും പ്രായോഗിച്ച പുരാതന ജീവികളുടെ അവശിഷ്ടങ്ങളാണ്. ഓരോ ഫോസിലും ഒരു കാപ് സ്യൂൾപോലെയാണ്, അതിനുള്ളിൽ ആ ജീവിയുടെ ജീവിതരീതിയെക്കുറിച്ചും അതിന്റെ പരിസ്ഥിതിയെക്കുറിച്ചും അവകാശങ്ങൾ ഒളിഞ്ഞിരിക്കുന്നു. ഫോസിലുകളുടെ വ്യത്യാസത ഭൂമിയിലെ ജീവൻ കാലക്രമേണ

എങ്ങനെ മാറിയിരിക്കുന്നു എന്ന് നമുക്ക് കാണിച്ചുതരുന്നു. ആദ്യകാല പരസ്പരാണു ജീവികളിൽ നിന്ന് തുടങ്ങി, മത്സ്യങ്ങൾ, ഉഭയജീവികൾ, ഇഴജാതികൾ, മുതലകൾ, ഡൈനോസോറുകൾ എന്നിവ വഴി പരിണമിച്ച് ഇന്നത്തെ വൈവിധ്യമാർന്ന ജീവിവർഗത്തിലേക്ക് എത്തിച്ചേർന്നതിന്റെ തെളിവുകൾ ഫോസിലുകളിൽ നിന്ന് ലഭിക്കുന്നു.

ചരിത്രത്തിലെ ഇരുണ്ട അധ്യായം: കൂട്ടനാശങ്ങൾ

ഭൂമിയുടെ ചരിത്രത്തിൽ നിരവധി വൻ കൂട്ടനാശങ്ങൾ സംഭവിച്ചിട്ടുണ്ട്. ഓരോന്നും ജീവികളുടെ ഒരു വലിയ ശതമാനത്തെ ഇല്ലാതാക്കുകയും പരിസ്ഥിതിയിൽ കാര്യമായ മാറ്റങ്ങൾ വരുത്തുകയും ചെയ്തു. അഞ്ച് പ്രധാന കൂട്ടനാശങ്ങൾ ഭൂഗർഭ രേഖകളിൽ രേഖപ്പെടുത്തിയിരിക്കുന്നു.

ജീവന്റെ അടയാളങ്ങൾ തിരയുന്നു: മറ്റ് ഗ്രഹങ്ങളിൽ ജീവൻ കണ്ടെത്താനുള്ള പാഠങ്ങൾ

നക്ഷത്രനിബിഡമായ ആകാശത്തേക്ക് കണ്ണുചെലുത്തുമ്പോൾ, നമ്മൾ ഏകാകികളാണോയെന്ന ചോദ്യം എപ്പോഴും മനസ്സിൽ മുഴങ്ങും. മറ്റ് ഗ്രഹങ്ങളിൽ ജീവൻ നിലനിൽക്കുന്നുണ്ടോ? അതെങ്കിൽ അത് എങ്ങനെ കണ്ടെത്താം? ഈ ചോദ്യങ്ങൾക്ക് ഉത്തരം നൽകാൻ ശാസ്ത്രജ്ഞർ ആയുധമാക്കുന്നവയയാണ് ജീവസൂചകങ്ങൾ (Biosignatures). ഈ ലേഖനത്തിൽ, ഭൂമിയിലെ ജീവന്റെ അടയാളങ്ങളിൽ നിന്ന് പഠിച്ച പാഠങ്ങൾ എങ്ങനെ മറ്റ് ഗ്രഹങ്ങളിൽ ജീവൻ തിരയുന്നതിൽ നമ്മെ സഹായിക്കുന്നു എന്നും ആവശ്യമായ നൈപുണ്യങ്ങളെക്കുറിച്ചും നമുക്ക് പരിശോധിക്കാം.

ഭൂമി: ജീവന്റെ പരീക്ഷണശാല

ഭൂമിയിൽ ജീവൻ എങ്ങനെ നിലനിൽക്കുന്നു എന്ന് മനസ്സിലാക്കുന്നത്, അത് മറ്റെവിടെയെങ്കിലും നിലനിൽക്കുന്നുണ്ടോ എന്നതിനെക്കുറിച്ചുള്ള തിരച്ചിലിന് അടിസ്ഥാനമാണ്. ഭൂമിയിലെ ജീവൻ ഊർജ്ജത്തിനായി സൂര്യപ്രകാശത്തെ ആശ്രയിക്കുന്നു, ഫോട്ടോസിന്തസിസ് വഴി ഭക്ഷണം ഉണ്ടാക്കുന്നു. ജീവൻ നിലനിൽക്കാൻ അനുയോജ്യമായ താപനിലയും മർദ്ദവും ഉള്ള

ഒരു ആതിഥേയ ഗ്രഹത്തിൽ, സമാന പ്രക്രിയകൾ നടക്കുന്നുണ്ടോ എന്നത് പ്രധാനപ്പെട്ട ഒരു സൂചകമാണ്.

ഭൂമിയിലെ ജീവന്റെ മറ്റൊരു പ്രധാന സവിശേഷത അതിന്റെ രാസഘടനയാണ്. ജീവൻ പ്രധാനമായും കാർബൺ, ഹൈഡ്രജൻ, ഓക്സിജൻ, നൈട്രജൻ എന്നീ മൂലകങ്ങളാൽ നിർമ്മിതമാണ്. മറ്റ് ഗ്രഹങ്ങളിൽ ഈ മൂലകങ്ങളുടെ സാന്നിധ്യം ഒരു സൂചകമാണെങ്കിലും, ഒറ്റയ്ക്കുള്ള തെളിവല്ല. ഭൗമശാസ്ത്രപരമായ പ്രക്രിയകളും ഇവ ഉണ്ടാക്കിയേക്കാം.

അടയാളങ്ങൾ   ചിത്രീകരണം:
ജീവസൂചകങ്ങളുടെ വിവിധത

ജീവസൂചകങ്ങൾ ഒറ്റ അടയാളമല്ല, മറിച്ച് വിവിധ പാരാമീറ്ററുകളുടെ ഒരു കൂട്ടായ്മയാണ്. ഇവയിൽ പ്രധാനപ്പെട്ടവ ഇതാ:

വാതകങ്ങളുടെ   ഘടന: ഭൂമിയുടെ
അന്തരീക്ഷത്തിലെ   ഓക്സിജൻ-മീഥേൻ
അനുപാതം ജീവൻ നിലനിൽക്കുന്നതിന്റെ ഒരു സൂചകമാണ്. ഫോട്ടോസിന്തസിസ് വഴി ഓക്സിജൻ ഉത്പാദിപ്പിക്കപ്പെടുകയും   ഭൂഗർഭ പ്രവർത്തനങ്ങൾ   മൂലം   മീഥേൻ ഉത്പാദിപ്പിക്കപ്പെടുകയും   ചെയ്യുന്നു. ഈ വാതകങ്ങളുടെ നിരന്തരമായ അനുപാതം ജൈവ പ്രവർത്തനത്തെ സൂചിപ്പിക്കുന്നു.

- ജൈവ തന്മാക്കളുടെ സാന്നിധ്യം: ഭൂമിയിലെ ജീവികൾ വിവിധ ജൈവതന്മാക്കളെ ഉത്പാദിപ്പിക്കുന്നു.

- ജൈവ തന്മാക്കളുടെ സാന്നിധ്യം: ഭൂമിയിലെ ജീവികൾ വിവിധ ജൈവതന്മാക്കളെ ഉത്പാദിപ്പിക്കുന്നു.

Chapter 4: Exploring Mars: The Red Planet's Secrets:

Past watery history and geological evidence of potential habitability.

Search for microbial life in Martian rocks, ice caps, and subsurface lakes.

Rover missions, future human exploration, and ethical considerations.

Mars colonization: challenges and potential benefits.

Chapter 4: Exploring Mars: The Red Planet's Secrets:

അദ്ധ്യായം 4: ചൊവ്വയുടെ സഞ്ചാരം: ചുവന്ന ഗ്രഹത്തിന്റെ രഹസ്യങ്ങൾ:

ഭൂമിയുടെ നീലച്ചരിത്രം: പുരാതന ജലചരിത്രവും താമസയോഗ്യതയുടെ ഭൂഗർഭ തെളിവുകളും

നമ്മുടെ നീലാഭ ഗ്രഹമായ ഭൂമിയുടെ ചരിത്രത്തിൽ ജലം നിർണായകമായ പങ്ക് വഹിക്കുന്നു. അതിന്റെ ഉപരിതലത്തെ മൂടിക്കിടക്കുന്ന തിളയ്ക്കുന്ന കടലുകൾ മാത്രമല്ല, ഈ ജലം കോടാനുകോടി വർഷങ്ങളായി ഭൂമിയുടെ കഥയിൽ ഒഴിച്ചുകൂടാനാവാത്ത നൂലാമായി നെയ് തേച്ചിരിക്കുന്നു. ഈ ലേഖനത്തിൽ, ഭൂമിയുടെ പുരാതന ജലചരിത്രവും ഇപ്പോഴും നിലനിൽക്കുന്ന ആ താമസയോഗ്യതയുടെ ഭൂഗർഭ തെളിവുകളും നമുക്ക് പരിശോധിക്കാം.

ലോകജലകടലയുടെ ഉദയം: തണുത്തുറങ്ങുന്ന ഒരുകാലം

ഏകദേശം 4.6 ബില്യൺ വർഷങ്ങൾക്ക് മുമ്പ് രൂപീകൃതമായ ഭൂമി, ആദ്യകാലത്ത് അഗ്നിഗോളമായിരുന്നു. കോടാനുകോടി

വർഷങ്ങൾ കൊണ്ട് അത് തണുക്കുകയും ഘനീഭവിക്കുകയും ചെയ്തു. ഈ തണുപ്പിക്കലിന്റെ ഫലമായി വൻ ഉൽക്കാ വർഷങ്ങൾ ഉണ്ടായി, അവ ഉപരിതലത്തിൽ വെള്ളം ശേഖരിക്കുന്നതിന് കാരണമായി. ഈ പുരാതന കടലുകൾ ഭൂമിയുടെ ആദ്യകാല ജലകടലയായി, നമ്മുടെ ഹൈഡ്രോസ്ഫിയറിന്റെ കേന്ദ്രം രൂപീകരിച്ചു.

ഭൂമിയുടെ ആദ്യകാല അന്തരീക്ഷം ഇടയ്ക്കിടെയായിരുന്നു. ഗ്രീൻഹൗസ് വാതകങ്ങളുടെ അഭാവം തണുത്തുറങ്ങാൻ കാരണമായി. എന്നിരുന്നാലും, ഉൽക്കാ ബോംബാർഡ്മെന്റ് വെള്ളം കൊണ്ടുവന്നു, അത് മഹാസമുദ്രങ്ങളുടെ രൂപീകരണത്തിന് കാരണമായി. ഈ പുരാതന കടലുകളിൽ പ്രാരംഭ ജീവികൾ പ്രത്യക്ഷപ്പെട്ടു, ഫോട്ടോസിന്തസിസ് വഴി ഓക്സിജൻ ഉത്പാദിപ്പിക്കാൻ തുടങ്ങി. ഈ പ്രക്രിയ കാലക്രമേണ അന്തരീക്ഷത്തിലെ ഓക്സിജൻ അളവ് വർദ്ധിപ്പിക്കുകയും ഭൂമിയുടെ താപനിലയിൽ സ്ഥിരത കൈവരുത്തുകയും ചെയ്തു.

ഭൂമിയുടെ മുഖചർച്ച: ഭൂഖണ്ഡ പിരിയലും സമുദ്രങ്ങൾ നൃത്തം ചെയ്യലും

ഭൂമിയുടെ ഭൂഖണ്ഡ ഫലകങ്ങൾ നിരന്തരം ചലിക്കുന്നു, നമ്മുടെ ഗ്രഹത്തിന്റെ മുഖചർച്ച രൂപപ്പെടുത്തുന്നു. ഈ ചലനം പുരാതന കടലുകളുടെ വിഭജനത്തിലും

പുനഃസംയോജനത്തിലും   കാരണമായി. ഒരുകാലത്ത് പാൻജിയ എന്നറിയപ്പെട്ട ഒരു സൂപ്പർ ഭൂഖണ്ഡം ഉണ്ടായിരുന്നു, പിന്നീട് അത് ഇന്നത്തെ ഭൂഖണ്ഡങ്ങളായി പിരിഞ്ഞു.

ചൊവ്വയിലെ കൊച്ചുജീവനുകളുടെ തേരി: പാറകളിലും മഞ്ഞുമലകളിലും തടാകങ്ങളിലും നടക്കുന്ന ഒരു തിരച്ചിൽ

നേത്രങ്ങളെ വിസ്മയിപ്പിക്കുന്ന ചുവപ്പ് വസ്ത്രം ധരിച്ച ചൊവ്വ കുടിയൊഴിഞ്ഞ ഒരു ഗ്രഹമാണോ, അതോ കൊച്ചുജീവനുകളുടെ സങ്കേതമാണോ? ഈ ചോദ്യം നൂറ്റാണ്ടുകളായി ശാസ്ത്രജ്ഞരുടെ മനസ്സുകളിൽ മുഴങ്ങിയിരിക്കുന്നു. ഭൂമിയുമായി നഷ്ടപ്പെട്ട സാമ്യത പങ്കുവയ്ക്കുന്ന ചൊവ്വയിൽ, പ്രതികൂലമായ സാഹചര്യങ്ങൾക്കിടയിലും ജീവൻ ഇപ്പോഴും നിലനിൽക്കുന്നുണ്ടോ എന്ന തിരച്ചിൽ തുടരുന്നു.

ഈ തിരച്ചിൽ മൂന്ന് പ്രധാന മേഖലകളിൽ ശ്രദ്ധ കേന്ദ്രീകരിക്കുന്നു: പാറകൾ, മഞ്ഞുമലകൾ, തടാകങ്ങൾക്ക് തുല്യമായ ഭൂഗർഭ രൂപീകരണങ്ങൾ. ഓരോന്നും അതിന്റേതായ വെല്ലുവിളികളും സാധ്യതകളും വാഗ്ദാനം ചെയ്യുന്നു.

പാറകളുടെ നിഗൂഢ കഥ: ജീവന്റെ ഒളിഞ്ഞ ഫോസിലുകൾ

ചൊവ്വിന്റെ ഉപരിതലത്തെ മൂടുന്ന പുരാതന പാറകൾ നിഗൂഢതകളുടെ കലവറയാണ്. ഏകദേശം 4 ബില്യൺ വർഷങ്ങളക്കു മുമ്പ്, ഭൂമിയോളം തന്നെ താമസയോഗ്യമായിരുന്ന ചൊവ്വിന്റെ കഥ അവ പറയുന്നു. ഈ പാറകളിൽ ജീവന്റെ അടയാളങ്ങൾ തിരയുന്നത് ഒരു

കുഴിപണിക്കുക പോലെയാണ്. ശാസ്ത്രജ്ഞർ ധാതുക്കളുടെ ഘടന, ജൈവ തന്മാക്കളുടെ സാന്നിധ്യം, ജലത്തിന്റെ തെളിവുകൾ എന്നിവയ്ക്കായി തിരയുന്നു. ക്യൂരിയോസിറ്റി, പെർസവറൻസ് എന്നീ റോവറുകൾ ലാൻഡ് ചെയ്ത ഗേല ക്രേറ്ററിൽ കണ്ടെത്തിയ പുരാതന തടാകത്തിന്റെ അവശിഷ്ടങ്ങൾ ജീവൻ നിലനിന്നിരുന്നതിന്റെ സൂചനകൾ നൽകുന്നു. എന്നിരുന്നാലും, ഈ തെളിവുകൾ നിർണ്ണായകമല്ല, കൂടുതൽ ഗവേഷണത്തിന്റെ ആവശ്യകതയിലേക്ക് വിരൽ ചൂണ്ടുന്നു.

മഞ്ഞുമലകളുടെ തണുത്തുറങ്ങുന്ന രഹസ്യം: ഹിമകാപടങ്ങളിലെ ജീവൻ

ചൊവ്വിന്റെ ധ്രുവങ്ങൾ ഭീമാകാരമായ മഞ്ഞുമലകൾ കൊണ്ട് മൂടപ്പെട്ടിരിക്കുന്നു. ഈ മഞ്ഞിൽ ഭൂമിയുടെ ഒരു വർഷത്തെ ചരിത്രം പോലെ ജലം കെട്ടിയിരിക്കുന്നു. കൂടാതെ, ഗവേഷണങ്ങൾ സൂചിപ്പിക്കുന്നത് ഈ മഞ്ഞിനടിയിൽ ഉപ്പുവെള്ള തടാകങ്ങൾ നിലനിൽക്കുന്നുണ്ട് എന്നാണ്. ഭൂമിയിലെ തണുത്തുറങ്ങുന്ന ജീവികളെപ്പോലെ, ചൊവ്വിന്റെ മഞ്ഞുമലകളിലും സൂക്ഷ്മജീവികൾ ഉറങ്ങിക്കിടക്കുന്നുണ്ടോ എന്ന ചോദ്യം ഉയർന്നുവരുന്നു.

യന്ത്രകളുടെ നൃത്തം, മനുഷ്യന്റെ കാലടികൾ: പര്യവേഷണങ്ങളും ഭാവി യാത്രകളും നൈതികതയും

ചൊവ്വിന്റെ രഹസ്യങ്ങൾ നിഴലിക്കുന്ന ചുവന്ന മണലിൽ ഇപ്പോൾ നൃത്തം ചെയ്യുന്നത് യന്ത്രങ്ങളാണ്. അവ റോവറുകൾ എന്ന പേരിൽ അറിയപ്പെടുന്നു, ഭൂമിയുടെ ഗൗരവത്തിൽ നിന്ന് വളരെ അകലെ, വിദൂര ഗ്രഹത്തിന്റെ ഉപരിതലത്തിൽ അവരുടെ അന്വേഷണം നടത്തുന്നു. ഈ ലേഖനത്തിൽ, ചൊവ്വയിലെ നിലവിലെ റോവർ ദൗത്യങ്ങൾ, ഭാവിയിലെ മനുഷ്യ പര്യവേഷണത്തിന്റെ സാധ്യതകൾ, അതിന്റെയെല്ലാം നൈതിക പ്രത്യാഘാതങ്ങളും നമുക്ക് പരിശോധിക്കാം.

യന്ത്രങ്ങൾ പാത്തയിടുന്നു: റോവറുകളുടെ മഹത്തായ ദൗത്യം

ക്യൂരിയോസിറ്റി, പെർസവറൻസ് എന്നീ റോവറുകൾ നിലവിൽ ചൊവ്വിന്റെ ഉപരിതലത്തിൽ പര്യവേഷണം നടത്തുന്നു. ഭൂമിയിലെ ജീവിതത്തിന്റെ അടയാളങ്ങൾ തിരയുക, ഗ്രഹത്തിന്റെ കാലാവസ്ഥയും ഭൂഗർഭഘടനയും മനസ്സിലാക്കുക, ഭാവിയിലെ മനുഷ്യ ദൗത്യങ്ങൾക്കായി തയ്യാറെടുക്കുക എന്നിവയാണ് അവയുടെ ദൗത്യം. കോടിക്കണക്കിന് കിലോമീറ്റർ ദൂരം സഞ്ചരിക്കുക, പാറകൾ ഡ്രിൽ ചെയ്യുക,

അവയുടെ രാസഘടന വിശകലനം ചെയ്യുക എന്നിവയെല്ലാം ചെയ്യാൻ ഈ യന്ത്രങ്ങൾക്ക് കഴിയും.

ക്യൂരിയോസിറ്റി ഗേല ക്രേറ്ററിൽ പുരാതന തടാകങ്ങളുടെ തെളിവുകൾ കണ്ടെത്തി, ഒരിക്കൽ ചൊവ്വിൽ ജലം ധാരാളമായിരുന്ന കാലഘട്ടത്തെക്കുറിച്ച് നമുക്ക് കൂടുതൽ വിവരങ്ങൾ നൽകി. പെർസവറൻസ് ജീവന്റെ ഒളിഞ്ഞ ഫോസിലുകൾ തിരയുന്നതിൽ ശ്രദ്ധ കേന്ദ്രീകരിക്കുന്നു, ചൊവ്വിന്റെ പുരാതന അന്തരീക്ഷത്തെ വിശകലനം ചെയ്യാനും കഴിയും. ഈ റോവറുകൾ നേടിയ വിവരങ്ങൾ ഭാവിയിലെ മനുഷ്യ ദൗത്യങ്ങൾക്ക് അനിവാര്യമാണ്.

കാലടികൾ ചൊവ്വിൽ ചവിട്ടും: ഭാവിയിലെ മനുഷ്യ പര്യവേഷണത്തിന്റെ സ്വപ്നം

ചൊവ്വിൽ മനുഷ്യൻ കടപിടിക്കുന്ന ദിവസം വിദൂരമല്ലെന്ന പ്രതീക്ഷ ശക്തമാണ്. നാസയും സ്പേസ്എക്സും പോലെയുള്ള സ്ഥാപനങ്ങൾ ഈ ലക്ഷ്യത്തിലേക്ക് അതിവേഗം നീങ്ങുന്നു. ഈ ദൗത്യങ്ങൾ നിരവധി വെല്ലുവിളികളെ അഭിമുഖീകരിക്കും, ദീർഘകാല യാത്രയുടെ ഫലങ്ങൾ, ഗ്രഹത്തിന്റെ പ്രതികൂല സാഹചര്യങ്ങൾ എന്നിവ പരിഗണിക്കേണ്ടതുണ്ട്. എന്നിരുന്നാലും, മനുഷ്യരാശിയുടെ ചരിത്രത്തിലെ ഒരു നേട്ടകാമാക്ഷിപുമായാണ് ഈ ദൗത്യങ്ങൾ കാണുന്നത്.

ചൊവ്വയുടെ കൊലുസ്: വെല്ലുവിളികളും സാധ്യതകളും

നക്ഷത്രപെട്ടഭാരം ചുമലിലേറ്റി കിടക്കുന്ന നമ്മുടെ ഭൂമിയുടെ അരികിൽ, ചുവപ്പുടുത്ത് ചുമയ്ക്കുന്ന ചൊവ്വ നമ്മെ വിളിച്ചുപറയുന്നു. ഭാവിയിലെ ഗൃഹമാക്കാമെന്ന ഭാവനകൾ ജ്വലിപ്പിക്കുന്ന ഈ ഗ്രഹത്തെ കീഴടക്കാൻ ശാസ്ത്രജ്ഞരും സ്വപ്നക്കാരും ഒരുമിച്ചു കാലിടുന്നു. എന്നാൽ, ഈ കൊലുസ് എത്തിപ്പിടിക്കുന്നത് ദുർഘടമാണെന്നറിയണം. നമ്മുടെ സാഹസികതയെ കാത്തിരിക്കുന്ന വെല്ലുവിളികളും ഇതു ഫലമുണ്ടാക്കുന്ന നേട്ടങ്ങളും മനസ്സിലാക്കേണ്ടതുണ്ട്.

ദൂരത്തിന്റെയും പരിസ്ഥിതിയുടെയും ക്രൂരത: വെല്ലുവിളികളുടെ കൊടുമുടി

ഏകദേശം 55 ദശലക്ഷം കിലോമീറ്ററുകൾ ഭൂമിയെ ചൊവ്വയിൽ നിന്ന് വേർതിരിക്കുന്നു. ഈ ദൂരം ദൗത്യങ്ങളുടെ സങ്കീർണതയെ പെരുകട്ടുന്നു. ദീർഘകാല യാത്രയിൽ പ്രകിരണങ്ങളിൽ നിന്നും സൗരവികിരണങ്ങളിൽ നിന്നും സംരക്ഷിക്കപ്പെടുക, ഭക്ഷണവും വെള്ളവും സ്വയം ഉത്പാദിപ്പിക്കാനുള്ള സാങ്കേതികവിദ്യ വികസിപ്പിക്കുക എന്നിവ വെല്ലുവിളികളാണ്.

ചൊവ്വിന്റെ പരിസ്ഥിതിയും നമ്മെ തളർത്തും. അവിടത്തെ അന്തരീക്ഷം നേരിയതും ഓക്സിജൻ

ഇല്ലാത്തതുമാണ്. തണുത്തുറഞ്ഞ ഊഷ്മാവും (ഏകദേശം -63°C മുതൽ 35°C വരെ) ദ്രവജലത്തിന്റെ അപൂർവതയും ജീവന് വെല്ലുവിളിയാണ്. കഠിനമായ കോസ്മിക് റേഡിയേഷൻ മനുഷ്യരുടെ ആരോഗ്യത്തിന് ഭീഷണിയാണ്.

ഒരു പുതിയ ലോകത്തിന്റെ പ്രലോഭനം: സാധ്യതകളുടെ നക്ഷത്രചാരുത

വെല്ലുവിളികൾ ധാരാളമെങ്കിലും, ചൊവ്വ കൊണ്ടുവരുന്ന സാധ്യതകൾ അതിലും വലുതാണ്. ശാസ്ത്രജ്ഞർ വിശ്വസിക്കുന്നത് ഒരിക്കൽ ജലസമൃദ്ധമായിരുന്ന ഈ ഗ്രഹത്തിൽ ഇപ്പോഴും ജീവന്റെ അടയാളങ്ങൾ ഒളിഞ്ഞിരിക്കുന്നുണ്ടാകാം എന്നാണ്. അവ കണ്ടെത്തുന്നത് ജീവന്റെ ഉത്ഭവത്തെക്കുറിച്ചും പ്രപഞ്ചത്തിൽ നമ്മൾ ഒറ്റയ്ക്കല്ലെന്ന ചിന്തയെ ശക്തിപ്പെടുത്തുകയും ചെയ്യും.

ചൊവ്വ ഒരു പുതിയ ആവാസ വ്യവസ്ഥയുടെ സാധ്യത കൂടിയാണ്. ഭൂമിയിലെ അമിത ജനസംഖ്യയെ ചൊവ്വിലേക്ക് പുനരധിവസിപ്പിക്കുകയെന്നത് ഭാവിയിലെ ഒരു പരിഹാരമായി കാണുന്നു. പുതിയ ധാതുക്കളും വിഭവങ്ങളും കണ്ടെത്തുന്നതും ചൊവ്വയുടെ യാത്ര സമ്മാനിക്കും.

Chapter 5: Moons of Mystery: Europa, Enceladus, and Beyond:

Subsurface oceans beneath icy moons of Jupiter and Saturn.

Hydrothermal vents as potential energy sources for subsurface life.

Future probes and missions to explore these hidden watery worlds.

Comparing planetary moons: searching for diverse forms of life beyond Earth.

Chapter 5: Moons of Mystery: Europa, Enceladus, and Beyond:

അദ്ധ്യായം 5: രഹസ്യങ്ങളുടെ ചന്ദ്രന്മാർ: യൂറോപ്പ, എൻസെലാഡസ്, അതിലുപരിയും:

ഹിമകാപടങ്ങൾക്കടിയിലെ സമുദ്രങ്ങൾ: വ്യാഴത്തിന്റെയും ശനിയുടെ മഞ്ഞുതണുത്ത ചന്ദ്രന്മാർക്കടിയിലെ ജീവന്റെ നനുത്ത സാധ്യത

നക്ഷത്രനിബിഡമായ ആകാശത്തെ നോക്കുമ്പോൾ, നമ്മുടെ ഏകമല്ല ഈ പ്രപഞ്ചത്തിലെ ഗ്രഹങ്ങൾ എന്ന ചിന്ത വിട്ടുമാറില്ല. എന്നാൽ, ഈ ഗ്രഹങ്ങൾ ജീവനെ പോലെ മറ്റെന്തിനെയും താങ്ങുമോ? ഈ ചോദ്യത്തിന് ഉത്തരം നൽകാനുള്ള തിരച്ചിൽ ആകാശഗോളങ്ങളെ വിദൂരത്തേക്ക് പറത്തുന്നു - വ്യാഴവും ശനിയും ഉൾപ്പെടുന്ന ഭീമൻ ഗ്രഹങ്ങളുടെ മഞ്ഞുമൂടിയ ചന്ദ്രന്മാരുടെ നേർത്ത അന്തരീക്ഷത്തിലേക്ക്.

ഈ ലേഖനത്തിൽ, വ്യാഴത്തിന്റെയും ശനിയുടെയും ചിലർ ചന്ദ്രന്മാരുടെ കരയും ഹിമകാപടവും തുളച്ചുകയറി ഒളിഞ്ഞിരിക്കുന്ന മഹാസമുദ്രങ്ങളെ ക്കുറിച്ചും അവ ജീവന്റെ

നിലനിൽപ്പിന് സാധ്യത നൽകുന്നതിനെ കുറിച്ചും നമുക്ക് പരിശോധിക്കാം.

ഹിമകാപടങ്ങളുടെ രഹസ്യം: ജലത്തിന്റെ ഒളിഞ്ഞ വീടുകൾ

വ്യാഴത്തിന്റെ യൂറോപ്പ, ഗാനിമീഡ്, കാളിസ്റ്റോ, ശനിയുടെ എൻസെലാഡസ് തുടങ്ങിയ ചന്ദ്രന്മാരുടെ ഉപരിതലം ഹിമകാപടങ്ങൾ കൊണ്ട് മൂടപ്പെട്ടിരിക്കുന്നു. എന്നാൽ, ഗവേഷണങ്ങൾ സൂചിപ്പിക്കുന്നത് ഈ ഹിമത്തിനടിയിൽ ആഴം കിടക്കുന്ന മഹാസമുദ്രങ്ങൾ നിലനിൽക്കുന്നുണ്ട് എന്നാണ്. കോടിക്കണക്കിന് വർഷങ്ങൾക്ക് മുമ്പ് ഈ ചന്ദ്രന്മാർ കൂടുതൽ താപനിലയിലുണ്ടായിരുന്നതായിരുന്നു, ഈ ആന്തരിക ചൂട് ഇപ്പോഴും ഹിമത്തിനടിയിൽ ജലത്തെ ദ്രവസ്ഥിതിയിൽ നിലനിർത്തുന്നു.

വിവിധ തെളിവുകൾ ഈ മഹാസമുദ്രങ്ങളുടെ നിലനിൽപ്പിനെ പിന്തുണക്കുന്നു. വ്യാഴത്തിന്റെ ഗുരുത്വാകർഷണം ചന്ദ്രന്മാരെ നിരന്തരം ചലിപ്പിക്കുന്നു, അതിന്റെ ഫലമായി ഉള്ളിൽ ഉണ്ടാകുന്ന ഉൾവലിച്ചിൽ ചൂട് ഉണ്ടാക്കുകയും ഹിമം ഉരുകി ദ്രാവക ജലം സൃഷ്ടിക്കുകയും ചെയ്യുന്നു. എൻസെലാഡസ് ചന്ദ്രന്റെ തെക്കേ ധ്രുവത്തിൽ നിന്ന് നീരാവി ശീതലുകൾ പൊട്ടിത്തെറിക്കുന്നത് നമുക്ക് നേരിട്ട് നിരീക്ഷിക്കാൻ കഴിയുന്നു, ഇത് അവിടെ

തടാകങ്ങൾ നിലനിൽക്കുന്നതിന്റെ തെളിവാണ്.

ജീവന്റെ മിന്നൽപൊട്ടുകൾ: പ്രതീക്ഷയുടെ ഉറവ

ഈ ലഭിച്ച ജലം ജീവന്റെ നിലനിൽപ്പിന് അനുകൂല സാഹചര്യങ്ങൾ ഒരുക്കുന്നു. ടൈഡൽ ചൂട് ഹൈഡ്രോതർമൽ വെന്റുകൾ സൃഷ്ടിക്കുന്നു, അവ ഭൂമിയിലെ ആഴക്കടലിലെ ഗൈസറുകൾ പോലെയാണ്.

ഭൂമിക്കടിയിലെ ഊർജ്ജ കലവറ: ജീവന്റെ നിഗൂഢ താപനിലകൾ

നമ്മുടെ നീലാഭ ഗ്രഹത്തിന്റെ നെഞ്ചിനുള്ളിൽ, രഹസ്യങ്ങൾ ഒളിഞ്ഞിരിക്കുന്നു. കടലിന്റെ ആഴങ്ങളിൽ, സൂര്യപ്രകാശം എത്തിപ്പെടാത്ത ഇരുട്ടിൽ, അഗ്നിജലജീവികൾ തിളച്ചുനിൽക്കുന്നു. ഈ ജീവികൾ നിലനിൽക്കുന്നത് ഒരു അസാധാരണ ഊർജ്ജസ്രോതസ്സിൽ നിന്നാണ് - ഹൈഡ്രോതർമൽ വെന്റുകൾ. ഈ ലേഖനത്തിൽ, ഭൂമിക്കടിയിലെ ഈ ഊർജ്ജ കലവറകൾ ജീവന്റെ നിലനിൽപ്പിനും ഭാവിയിലെ സാങ്കേതികവിദ്യയ്ക്കും എങ്ങനെ വഴികാട്ടുന്നുവെന്ന് നമുക്ക് പരിശോധിക്കാം.

രസതന്ത്രത്തിന്റെ നൃത്തം: ചൂടുള്ള വെള്ളത്തിന്റെ ഉത്ഭവം

ഭൂമിയുടെ ഉൾക്കാമ്പും പുറംതോടും തമ്മിലുള്ള ഘർഷണത്തിൽ നിന്നാണ് ഹൈഡ്രോതർമൽ വെന്റുകൾ ഉണ്ടാകുന്നത്. ഈ ഘർഷണം ചൂട് ഉണ്ടാക്കുന്നു, സമുദ്രജലം ഭൂമിക്കടിയിലേക്ക് ചോർന്നുപോകുകയും അവിടെ ചൂടായി ധാതുക്കളെ ലയിപ്പിച്ചെടുക്കുകയും ചെയ്യുന്നു. ഈ ധാതുക്കളടങ്ങിയ ചൂടുവെള്ളം മറുഭാഗത്ത് തണുത്ത സമുദ്രജലവുമായി കൂട്ടിമുട്ടുമ്പോൾ അതിശയകരമായ രാസപ്രവർത്തനങ്ങൾ നടക്കുന്നു. പ്രഷർ കുറയുന്നതും തണുപ്പ് ലഭിക്കുന്നതും കൂടിയാകുമ്പോൾ ധാതുക്കൾ

പടികമായി അടിയുന്നു, വെള്ളം ധാതുസമ്പന്നവും ഊഷ്മളവുമായി തിരിച്ചുവരുന്നു. ഈ ചൂടുള്ള വെള്ളം കുഴലുകൾ വഴി കടൽത്തറയിൽ തുറന്നുവരുന്നിടത്ത് ഹൈഡ്രോതർമൽ വെന്റുകൾ രൂപംകൊള്ളുന്നു.

ജീവന്റെ ഊർജ്ജ സ്രോതസ്: രസതന്ത്ര വിപ്ലവം

പരിസ്ഥിതി ശാസ്ത്രജ്ഞർ ഹൈഡ്രോതർമൽ വെന്റുകളെ "കറുത്ത പുകവലിക്കുന്നവർ" (black smokers) എന്നാണ് വിളിക്കുന്നത്. കാരണം, അവ ചൂടുവെള്ളം നിറഞ്ഞ കുഴലിൽ നിന്നും കറുത്ത ധാതു കണികകൾ പുറന്തള്ളുന്നു. എന്നാൽ, ഈ ചൂട് ഭീകരപ്പെടുത്തുന്നതല്ല, പ്രതീക്ഷകൾ നിറഞ്ഞതാണ്. വെന്റുകളിൽ നിന്നും പുറത്തുവരുന്ന സൾഫൈഡ് പോലെയുള്ള രാസവസ്തുക്കൾ രാസപ്രവർത്തനത്തിലൂടെ സൂക്ഷ്മജീവികൾക്ക് ഊർജ്ജം നൽകുന്നു. ഫോട്ടോസിന്തസിസ് നടത്താത്ത ഈ ജീവികൾ "കീമോസിന്തറ്റിക്" ആണ്, അവ രാസപ്രവർത്തനങ്ങളെ ഊർജ്ജസ്രോതസ്സായി ഉപയോഗിക്കുന്നു.

രഹസ്യ ജലലോകങ്ങളുടെ തിരച്ചിൽ: ഭാവി പര്യവേഷണങ്ങളും ദൗത്യങ്ങളും

നമ്മുടെ സൗരയൂഥത്തിനകത്ത്, ആഴങ്ങളിൽ ഒളിഞ്ഞിരിക്കുന്ന ജലലോകങ്ങൾ രഹസ്യങ്ങൾ സൂക്ഷിക്കുന്നു. ഈ ലോകങ്ങളിൽ - വ്യാഴത്തിന്റെ യൂറോപ്പ, ഗാനിമീഡ്, കാളിസ്റ്റോ, ശനിയുടെ എൻസെലാഡസ് തുടങ്ങിയ മഞ്ഞുമൂടിയ ചന്ദ്രന്മാർ - ഹിമകാപടങ്ങൾക്ക് താഴെ മഹാസമുദ്രങ്ങൾ നിലനിൽക്കുന്നുവെന്ന് ശാസ്ത്രജ്ഞർ വിശ്വസിക്കുന്നു. ജീവന്റെ നിലനിൽപ്പിന് അനുകൂല സാഹചര്യങ്ങൾ ഈ സമുദ്രങ്ങൾ വാഗ്ദാനം ചെയ്യുന്നു, നമ്മുടെ പ്രപഞ്ചത്തിൽ നമ്മൾ ഒറ്റയ്ക്കല്ലെന്ന നിഗൂഢ സാധ്യതയെ ഉയർത്തിക്കാണിക്കുന്നു. ഈ രഹസ്യ ലോകങ്ങളിലേക്ക് നമ്മെ കൊണ്ടുപോകാനും അവയുടെ നിഗൂഢതകൾ അനാവൃതമാക്കാനും ശാസ്ത്രജ്ഞർ ഭാവി ദൗത്യങ്ങൾ ആസൂത്രണം ചെയ്യുന്നു.

ഊന്നിലേക്ക് നീങ്ങുന്ന നോട്ടങ്ങൾ: അടുത്ത തലമുറയുടെ പര്യവേഷണങ്ങൾ

യൂറോപ്പ ക്ലിപ്പർ ദൗത്യം നിലവിൽ വികസിപ്പിച്ചുകൊണ്ടിരിക്കുന്ന ഒരു പ്രധാന ഭാവി പര്യവേഷണമാണ്. 2024-ൽ വിക്ഷേപിക്കാൻ ലക്ഷ്യമിട്ട് യൂറോപ്പയുടെ ഹിമകാപടത്തിനടിയിലെ സമുദ്രത്തിന്റെ രാസഘടനയും ജീവന്റെ അടയാളങ്ങളും തിരയുന്നതിനായി ഇത് യാത്ര ആരംഭിക്കും.

അതിനുശേഷം, ജൂനോ ഐസി മൂൺ എക്സ്പ്ലോറർ (JIME) ദൗത്യം ഗാനിമീഡിലേക്കും അതിന്റെ സാധ്യതയുള്ള ഉപരിതല സമുദ്രങ്ങളിലേക്കും ലക്ഷ്യമിടുന്നു. ശനിയുടെ ചന്ദ്രനായ എൻസെലാഡസ് തിരയുന്ന എൻസെലാഡസ് ഓർബിറ്റർ ദൗത്യവും നടക്കുന്നു. ഈ ദൗത്യങ്ങൾ ഓരോന്നും വിവിധ സങ്കേതികവിദ്യകൾ ഉപയോഗിച്ച് ഹിമകാപടങ്ങൾ തുളച്ചുകയറി ആഴത്തിലുള്ള രഹസ്യങ്ങൾ വെളിപ്പെടുത്തും.

ഭാവിയിലെ കണ്ണുകൾ: പുതിയ സങ്കേതികവിദ്യകളുടെ ഉയർച്ച

ഈ ഭാവി ദൗത്യങ്ങൾ ഇന്നത്തെ സാങ്കേതികവിദ്യകളുടെ അതിരുകൾ തള്ളിവിടും. കൂടുതൽ കരുത്തും ദീർഘകാലാവധിയുമുള്ള റോവറുകൾ ഹിമകാപടങ്ങളിലൂടെ തുളച്ചുകയറി സമുദ്രങ്ങളുടെ നേരിട്ടുള്ള നിരീക്ഷണം നടത്താൻ കഴിയും. ഐസ്-penetrating radar-കൾ ഹിമകാപടങ്ങളിലൂടെ കാഴ്ച നൽകുകയും സമുദ്രങ്ങളുടെ ആഴവും ഘടനയും വെളിപ്പെടുത്തുകയും ചെയ്യും. മൈക്രോഫ്ലൂയിഡിക് ചിപ്പുകൾ പോലെയുള്ള സൂക്ഷ്മമായ ഉപകരണങ്ങൾ ജലത്തിന്റെ രാസഘടന വിശകലനം ചെയ്യാനും ജൈവ അടയാളങ്ങൾ തിരിച്ചറിയാനും കഴിയും.

വ്യത്യസ്ത കണ്ണാടികൾ, ജീവിതത്തിന്റെ തേര്: ഭൂമിക്കപ്പുറത്തേയ്ക്ക്, ചന്ദ്രന്മാരുടെ തുലനം

നമ്മുടെ ഭൂമിക്കപ്പുറത്ത്, രഹസ്യങ്ങൾ നിറഞ്ഞ ഗ്രഹങ്ങൾ വെയിലിന്റെ ചൂടിൽ കുളിക്കുന്നു. അവയുടെ ചുറ്റുമണിഞ്ഞിരിക്കുന്ന ചന്ദ്രന്മാർ ജീവന്റെ സാധ്യത തിളപ്പിക്കുന്നു. ഈ ലേഖനത്തിൽ, സൗരയൂഥത്തിലെ വിവിധ ഗ്രഹങ്ങളുടെ ചന്ദ്രന്മാരെ താരതമ്യം ചെയ്യുകയും അവയിൽ പ്രതീക്ഷയുടെ പ്രകാശം തെളിയിക്കുന്ന ജീവന്റെ പാതകൾ തിരയുകയും ചെയ്യുന്നു.

യൂറോപ്പ: ഹിമക്കാപടത്തിനടിയിലെ സമുദ്രം

വ്യാഴത്തിന്റെ കാരുണ്യമുള്ള കൈകളിൽ തഴയ്ക്കുന്ന യൂറോപ്പ, ആഴങ്ങളിൽ ഒളിഞ്ഞിരിക്കുന്ന ഒരു ജലലോകമാണ്. ഭൂമിയേക്കാൾ അല്പം ചെറുതെങ്കിലും, അതിന്റെ ഉപരിതലത്തെ നിറഞ്ഞുനിൽക്കുന്ന തിളച്ച ഹിമകാപടത്തിനടിയിൽ ഒരു മഹാസമുദ്രം ഉറങ്ങുന്നു. ഈ സമുദ്രം സൗരയൂഥത്തിലെ ജീവന്റെ നിലനിൽപ്പിന് ഏറ്റവും മികച്ച സാധ്യതകളിലൊന്ന് വാഗ്ദാനം ചെയ്യുന്നു. ഭൂമിക്കും വ്യാഴത്തിനും ഇടയിലുള്ള ഗ്രാവിറ്റേഷണൽ നൃത്തം ഈ സമുദ്രത്തെ ചൂടാക്കുന്നു, ജീവിക്കാവുന്ന സാഹചര്യങ്ങൾ സൃഷ്ടിക്കുന്നു. യൂറോപ്പ ക്ലിപ്പർ പോലെയുള്ള ദൗത്യങ്ങൾ ഈ അന്തർജലലോകത്തേക്ക്

മുങ്ങുകയും അതിന്റെ രഹസ്യങ്ങൾ അനാവൃതമാക്കാൻ ശ്രമിക്കുകയും ചെയ്യുന്നു.

ഗാനിമീഡ്: വെള്ളത്തിന്റെ ഭീമാകാരൻ കലവറ

വ്യാഴത്തിന്റെ മറ്റൊരു മകൻ, ഗാനിമീഡ്, സൗരയൂഥത്തിലെ ഏറ്റവും വലിയ ചന്ദ്രനാണ്. ഇതിന്റെ ഉപരിതലം പുരാതന ഗർത്തങ്ങൾ കൊണ്ട് മൂടപ്പെട്ടിരിക്കുന്നു, എന്നാൽ ഹിമത്തിനടിയിൽ വിവിധ സമുദ്രങ്ങളുടെ സാന്നിധ്യം സൂചനകൾ നൽകുന്നു. ഈ സമുദ്രങ്ങൾ ഉപ്പുവെള്ളമോ അതോ ഓഷ്യാനിക് ഐസുകൊണ്ടോ നിർമ്മിതമാണോ എന്ന കാര്യം ഇപ്പോഴും അജ്ഞാതമാണ്. എന്നിരുന്നാലും, ഒരു പരിസ്ഥിതിയിലും എക്സ്ട്രെമോഫൈലുകൾ എന്നറിയപ്പെടുന്ന അതിജീവികൾ നിലനിൽക്കുമെന്ന് ശാസ്ത്രജ്ഞർ വിശ്വസിക്കുന്നു. ഭാവിയിൽ ജൂനോ ഐസ് മൂൺ എക്സ്പ്ലോറർ പോലുള്ള ദൗത്യങ്ങൾ ഗാനിമീഡിന്റെ ഹിമകാപടങ്ങളിലൂടെ തുളച്ചുകയറി അതിന്റെ രഹസ്യങ്ങൾ കണ്ടെത്താൻ ശ്രമിക്കും.

Chapter 6: Venus, Titan, and Other Solar System Wonders:

Venus's scorching surface and the possibility of microbial life in its clouds.

Titan's thick atmosphere, methane lakes, and potential prebiotic chemistry.

Asteroids and comets: potential sources of water and organic molecules.

The future of solar system exploration: visiting diverse environments and broadening our search for life.

Chapter 6: Venus, Titan, and Other Solar System Wonders:

അദ്ധ്യായം 6: ശുക്രൻ, ടൈറ്റാൻ, മറ്റ് സൗരയൂ അത്ഭുതങ്ങൾ:

ചൂടും കനലും: ശുക്രന്റെ ദഹനതലവും മേഘങ്ങളിലെ ജീവസാധ്യതയും

നമ്മുടെ സൗരയൂഥത്തിലെ ഒരു രഹസ്യം ശുക്രൻ ആണ്. തുടക്കത്തിൽ 'ഭൂമിയുടെ സഹോദരി' എന്ന് വിശേഷിപ്പിച്ചിരുന്ന ഈ ഗ്രഹം ഇപ്പോൾ ആഗ്നേയാഗ്രഹമായി തിളങ്ങുന്നു. 462 ഡിഗ്രീ സെൽഷ്യസിനേക്കാൾ കൂടുതലുള്ള താപനില, കട്ടിയായ കാർബൺ ഡൈ ഓക്സൈഡ് അന്തരീക്ഷം എന്നിവ ഭൂമിക്കുപദേശമായ ഒരു നരകം സൃഷ്ടിച്ചിരിക്കുന്നു. എന്നാൽ, ശുക്രന്റെ ജീവരഹിത തലത്തിന് അപ്പുറത്ത്, മേഘങ്ങളുടെ നിഗൂഢതയിൽ, ജീവന്റെ നേരിയ ഇടപറവൽ ശാസ്ത്രജ്ഞരെ ആകർഷിക്കുന്നു.

നരകത്തിന്റെ നിലം: ദുർഘടമായ പരിതലം

ശുക്രന്റെ ഉപരിതലം അഗ്നിപർവതങ്ങളും വിള്ളലുകളും നിറഞ്ഞുനിൽക്കുന്നു. അമിതമായ ഗ്രീൻഹൗസ് ഇഫക്റ്റ് കാരണം അതിന്റെ അന്തരീക്ഷം സൂര്യകിരണങ്ങളെ കെട്ടിയിട്ടു, താപനില ഭീമമാക്കി മാറ്റുന്നു. ഈ ചൂടിൽ ഈയം പോലെയുള്ള ലോഹങ്ങൾ

പോലും ഉരുകും. വെള്ളം ദ്രാവകരൂപത്തിൽ നിലനിൽക്കില്ല, അതിനാൽ ഭൂമിയിലെ ജീവികൾ അറിയുന്ന ജീവശാസ്ത്ര മാതൃകകൾ ശുക്രന്റെ തലത്തിൽ പുലർത്താനാവില്ല.

മേഘങ്ങളുടെ മായാജാലം: ഒരു സാധ്യതയുടെ വെളിച്ചം

എന്നാൽ, ആശയുടെ കിരണങ്ങൾ ശുക്രന്റെ കട്ടിയായ മേഘങ്ങളിൽ തെളിയുന്നു. ഏകദേശം 50 കിലോമീറ്റർ ഉയരത്തിൽ, താപനില 30 മുതൽ 80 ഡിഗ്രീ സെൽഷ്യസ് വരെയായി നിലനിൽക്കുന്നു. ഈ ഊഷ്മള മേഘങ്ങൾ ഭൂമിയ്ക്ക് സമാനമായ അന്തരീക്ഷ സമ്മർദ്ദവും കൊണ്ടുവരുന്നു. കൂടാതെ, സൾഫ്യൂരിക് ആസിഡ് മഴ ആണെങ്കിലും, ചില രാസവസ്തുക്കൾ ഈ ആസിഡിനെ നിർവീര്യമാക്കി ജീവനു പിന്തുണ നൽകാൻ കഴിയുന്ന യേജീവത കൊണ്ടുവരുന്നു.

ഫോസ്ഫിന്റെ നൃത്തം: ജീവന്റെ ഇടപറവൽ?

2020-ൽ ഗവേഷകർ ശുക്രന്റെ മേഘങ്ങളിൽ ഫോസ്ഫിൻ കണ്ടെത്തിയത് ശാസ്ത്രലോകത്തെ അമ്പരപ്പിച്ചു. ഭൂമിയിൽ, ഫോസ്ഫിൻ പ്രധാനമായും ജീവജാലങ്ങളാണ് ഉത്പാദിപ്പിക്കുന്നത്. ഈ കണ്ടെത്തൽ ശുക്രനിൽ പ്രാഥമിക ജീവികൾ നിലനിൽക്കാനുള്ള സാധ്യതയെയാണ് സൂചിപ്പിക്കുന്നത്.

സ്വപ്നങ്ങളുടെ പറക്കൽ: പരിശോധനയുടെ പാത

ഈ കണ്ടെത്തലിന്റെ സത്യസന്ധത സ്ഥിരീകരിക്കാനും ബദൽ വിശദീകരണങ്ങൾ ഒഴിവാക്കാനും കൂടുതൽ ഗവേഷണം ആവശ്യമാണ്.

ടൈറ്റാന്റെ കട്ടിയായ അന്തരീക്ഷം, മീഥേൻ തടാകങ്ങൾ,
ജീവപൂർവകരസതന്ത്രത്തിന്റെ സാധ്യത

സൗരയൂഥത്തിന്റെ വിദൂര കോണിൽ, വ്യാഴത്തിന്റെ ശക്തമായ ഗുരുത്വാകർഷണത്തിൽ ചിന്തയുണർത്തുന്ന ഒരു ലോകം കിടക്കുന്നു - ടൈറ്റാൻ. ഭൂമിയുടെ ഏകദേശം 50% വലുപ്പമുള്ള ഈ ഭീമൻ ചന്ദ്രൻ നമ്മുടെ നീലഗ്രഹത്തിൽ നിന്ന് തികച്ചും വ്യത്യസ്തമാണ്. എന്നാൽ, അതിന്റെ കട്ടിയായ അന്തരീക്ഷം, മീഥേൻ തടാകങ്ങൾ, സങ്കീർണമായ രാസപ്രവർത്തനങ്ങൾ എന്നിവ ഭൂമിയിലെ ജീവന്റെ ഉത്ഭവത്തിന് സഹായിച്ചേക്കാവുന്ന സാഹചര്യങ്ങൾ നൽകുന്നു.

ഒരു കട്ടിയായ പുതപ്പ്: ടൈറ്റാന്റെ അന്തരീക്ഷം 95% നൈട്രജനും 5% മീഥേനുമാണ് നിർമ്മിതമായിരിക്കുന്നത്. ഭൂമിയേക്കാൾ നാലുതവണ കട്ടിയുള്ള ഈ അന്തരീക്ഷം മേഘങ്ങളുടെ ഒരു നിത്യമായ പുതപ്പ് സൃഷ്ടിക്കുന്നു, അത് തണുത്തുറഞ്ഞ 180°C (-290°F) ഊഷ്മള ടൈറ്റാനെ ചൂടാക്കുന്നു. ഈ മേഘങ്ങൾ ഓറഞ്ചിന്റെ നിറത്തിലാണ്, കാരണം അതിൽ സങ്കീർണമായ ഹൈഡ്രോകാർബണുകൾ അടങ്ങിയിരിക്കുന്നു, അവ സാധ്യതയനുസരിച്ച് ജീവന്റെ നിർമ്മാണ ഘടകങ്ങളാണ്.

ഭൂമിയിലെ കണ്ണാടി: ടൈറ്റാനിൽ ദ്രവജലം നിലനിൽക്കില്ല, പക്ഷേ ഹൈഡ്രോകാർബണുകൾ - പ്രധാനമായും മീഥേൻ - ഉപരിതലത്തിൽ വലിയ തടാകങ്ങൾ രൂപീകരിക്കുന്നു. ഈ തടാകങ്ങൾ ഭൂമിയിലെ ഗ്രേറ്റ് ലേക്കുകളേക്കാൾ വലുതാണ്, അവ ഭൂമിയുടെ ആദ്യകാല തടാകങ്ങളുടെ ഒരു മാതൃകയായി വർത്തിക്കുന്നു. ഇവിടെ, സൂര്യപ്രകാശം രാസപ്രവർത്തനങ്ങളുടെ ഒരു കാഴ്ചയ്ക്ക് വഴിയൊരുക്കുന്നു, ഇത് ജീവന്റെ രൂപീകരണത്തിന് ആവശ്യമായ തന്മാത്രകളും മോളിക്യൂളുകളും സൃഷ്ടിക്കുന്നു.

ജീവന്റെ കൂമ്പുകൾ: ടൈറ്റാനിലെ അന്തരീക്ഷത്തിലെ ഹൈഡ്രോകാർബണുകളും മീഥേനും ഭൂമിയിലെ ജീവന്റെ കെട്ടുപാടുകൾക്ക് സമാനമായ സങ്കീർണത കാണിക്കുന്നു. ഈ രാസവസ്തുക്കൾ സൂര്യപ്രകാശവും കോസ്മിക് രശ്മികളും ഏറ്റുമുട്ടുമ്പോൾ അവ ജൈവ തന്മാത്രകൾ രൂപീകരിക്കും, ഹൈഡ്രജൻ സയനൈഡ്, അസറ്റിലീൻ, ഈഥെയ്ൻ എന്നിവ പോലുള്ള ജീവന്റെ കെട്ടുപാടുകൾ ടൈറ്റാനിൽ ഇതിനകം കണ്ടെത്തിയിട്ടുണ്ട്.

ഗ്രഹശകലങ്ങളും വാലുകൾ: ജലത്തിന്റെയും ജൈവതന്മാത്രകളുടെയും ഒളിഞ്ഞ ഭണ്ഡാരങ്ങൾ

നമ്മുടെ സൗരയൂഥത്തിന്റെ അതിർത്തികളിൽ, രഹസ്യങ്ങൾ നിറഞ്ഞ ഇരുണ്ട കഥാപാത്രങ്ങൾ നൃത്തം ചെയ്യുന്നു - ഗ്രഹശകലങ്ങളും വാലുകളും. ഈ ചെറിയ ഖഗോളവസ്തുക്കൾ ആദ്യകാല സൗരയൂഥത്തിന്റെ അവശിഷ്ടങ്ങളാണ്, അവ അക്കാലത്തെ ഘടനാപരമായ വസ്തുക്കളും ബഹിരാകാശ യാത്രകളുടെ ഗുപ്തനിധികളും ഉൾക്കൊള്ളുന്നു. അതിശ്വയപ്പെടുത്തുന്ന കാര്യത്തിൽ, ഈ വസ്തുക്കൾ ജലത്തിന്റെയും ജൈവതന്മാത്രകളുടെയും കലവറകളായി പ്രവർത്തിക്കുകയും, ഭൂമിയിലെ ജീവന്റെ ഉത്ഭവത്തിലും ഒരുപക്ഷേ മറ്റ് ഗ്രഹങ്ങളിലും പങ്കുവഹിക്കുകയും ചെയ്യും.

ഉരുകിയ ഹിമകാപടങ്ങൾ: ഗ്രഹശകലങ്ങളിലെ ഒളിഞ്ഞ സമുദ്രങ്ങൾ

ഗ്രഹശകലങ്ങൾ കല്ലുകൾ കൊണ്ട് നിർമ്മിത കഠിനവസ്തുക്കൾ എന്ന് ധരിക്കരുത്. ചില ഗ്രഹശകലങ്ങൾ ഹിമപടങ്ങളുടെ കട്ടിയായ പുതപ്പിനടിയിൽ വിസ്മയകരമായ രഹസ്യങ്ങൾ ഒളിപ്പിച്ചുവയ്ക്കുന്നു. സെറസ് എന്ന കുള്ളൻ ഗ്രഹം ഇതിന്റെ തിളയൊരു ഉദാഹരണമാണ്. റഡാർ നിരീക്ഷണങ്ങൾ ഹിമത്തിനടിയിൽ ഒരു വലിയ ഉപ്പുവെള്ള സമുദ്രം

നിലനിൽക്കുന്നുവെന്ന് സൂചിപ്പിക്കുന്നു. ഈ ജലം പ്രതീക്ഷയുടെ ഒരു കിരൺ നൽകുന്നു, കാരണം അതിനു ചുറ്റുമുള്ള ഹൈഡ്രോതർമൽ വെന്റുകൾ ഭൂമിക്കടിയിലെ ഗൈസറുകൾ പോലെയാണ്, ജീവിയുടെ ഊർജ്ജസ്രോതസ് ഉണ്ടാക്കുന്നു.

കോണീയ നദികൾ: വാലുകളിൽ നിന്നും വർഷിക്കുന്ന ജലം

വാലുകൾ മഞ്ഞുമൂടിയ "മഹിമയുടെ മുത്തുകൾ" ആണ്, അവ സൂര്യനു സമീപമെത്തുമ്പോൾ ഹിമം ഉരുകി വാല്പോലെ പുറത്തുവരുന്നു. എന്നാൽ ഈ മനോഹരമായ പ്രതിഭാസത്തിനപ്പുറത്ത്, ജലത്തിന്റെ ഒരു ആശ്ചര്യകരമായ യാത്ര നടക്കുന്നു. വാലുകളുടെ ഹിമത്തിൽ 20% വരെ ജലം അടങ്ങിയിരിക്കുന്നു, അവ സൗരയൂഥത്തിലുടനീളം ജലം വിതറുന്നു. ഭൂമിയുടെ ആദ്യകാല സമുദ്രങ്ങൾ ഈ വാലുകളിൽ നിന്നും ജലം ലഭിച്ചതാണെന്ന് വിശ്വസിക്കപ്പെടുന്നു, അത് ഭൂമിയിലെ ജീവന്റെ കിളിർപ്പ് സാധ്യമാക്കി.

ജീവന്റെ ബിൽഡിംഗ് ബ്ലോക്കുകൾ: ജൈവതന്മാത്രകളുടെ കലവറ

ഗ്രഹശകലങ്ങളും വാലുകളും ജലം മാത്രം നൽകുന്നില്ല. അവ ജൈവതന്മാത്രകളുടെ ഭീമൻ കലവറകളും കൂടിയാണ്.

സൗരയൂഥ പര്യവേഷണത്തിന്റെ ഭാവി: വൈവിധ്യമാർന്ന പരിതലങ്ങൾ സന്ദർശിച്ച്, ജീവന്റെ തിരച്ചിൽ വിശാലപ്പെടുത്തുന്നു

നമ്മുടെ സൗരയൂഥം ചേതനയറ്റതും രഹസ്യങ്ങളാൽ നിറഞ്ഞതുമാണ്. ഭൂമിയെ ചുറ്റിനിൽക്കുന്ന ഗ്രഹങ്ങളും അവയുടെ അനേകം ചന്ദ്രന്മാരും അകാശ സമുദ്രത്തിലെ ദ്വീപുകൾ പോലെയാണ്, ഓരോന്നും അദ്വിതീയ ഭൂപ്രകൃതിയും നമ്മുടെ നിലനിൽപ്പിനെക്കുറിച്ച് ചോദ്യങ്ങൾ ചൂണ്ടിക്കാണിക്കുന്ന കഥകളും ഉൾക്കൊള്ളുന്നു. ഈ അതിശയകരമായ ലോകങ്ങൾ പര്യവേഷണം ചെയ്യാനും അവയുടെ രഹസ്യങ്ങൾ അനാവൃതമാക്കാനും ശാസ്ത്രജ്ഞർ നിരന്തരം പരിശ്രമിക്കുന്നു. എന്നാൽ ഭാവിയിൽ, നമ്മുടെ പര്യവേഷണങ്ങൾ കൂടുതൽ മഹത്തായ ലക്ഷ്യം കൈവരിക്കാൻ ലക്ഷ്യമിടുന്നു: സൗരയൂഥത്തിലെ വൈവിധ്യമാർന്ന പരിതലങ്ങൾ സന്ദർശിക്കുകയും അങ്ങനെ ജീവന്റെ തിരച്ചിൽ വളരെ വിശാലപ്പെടുത്തുകയും ചെയ്യുക.

വൈവിധ്യമാർന്ന ലക്ഷ്യങ്ങൾ: ഭൂമിക്കപ്പുറത്തേയ്ക്കുള്ള യാത്ര

ഭാവി ദൗത്യങ്ങൾ നമ്മുടെ സൗരയൂഥത്തിന്റെ എല്ലാ കോണുകളിലേക്കും എത്തും. ഗ്രഹങ്ങളുടെ ഗംഭീരത തിരക്കാനും, ഹിമകാപടങ്ങളും അഗ്നിപർവതങ്ങളും നിറഞ്ഞ ചന്ദ്രന്മാരെ പര്യവേഷണം ചെയ്യാനും,

ഗ്രഹശകലങ്ങളുടെയും വാലുകളുടെയും അജ്ഞാത മേഖലകളെ അനാവൃതമാക്കാനും നമ്മൾ ശ്രമിക്കും. ഏറെ പ്രതീക്ഷ നൽകുന്ന യൂറോപ്പ ക്ലിപ്പർ ദൗത്യം യൂറോപ്പയുടെ ഹിമകാപടത്തിനടിയിലെ സമുദ്രത്തിന്റെ രഹസ്യങ്ങൾ തുറക്കുകയും, ജീവന്റെ അടയാളങ്ങൾ തേടുകയും ചെയ്യും. ഗാനിമീഡിലെ സാധ്യതയുള്ള ഉപരിതല സമുദ്രങ്ങളിലേക്കും എൻസെലാഡസിന്റെ ഹിമകാപടങ്ങൾ തുളച്ചുകയറി അതിന്റെ ജലലോകത്തെ പര്യവേഷണം ചെയ്യാനും പദ്ധതിയുണ്ട്.

അതിഗൂഢതയുടെ തേര്: എക്സ്ട്രീമോഫൈലുകളുടെ തിരച്ചിൽ

ഈ പര്യവേഷണങ്ങളുടെ ലക്ഷ്യം വെറും രൂപഭാഗ്യം മാത്രമല്ല. നമ്മുടെ ബിംബങ്ങളും ഉപകരണങ്ങളും ജീവൻ എവിടെയും നിലനിൽക്കാൻ കഴിയുന്നോ എന്ന് മനസിലാക്കാനും അതിന്റെ അതിരുകൾ നിർവചിക്കാനും ശ്രമിക്കുന്നു. ഭൂമിക്കും സൂര്യനും ഇടയിലുള്ള ഗ്രാവിറ്റേഷണൽ നൃത്തത്താൽ ചൂടാക്കപ്പെടുന്ന യൂറോപ്പയുടെ സമുദ്രങ്ങളുടെ ആഴങ്ങളിൽ എക്സ്ട്രീമോഫൈലുകൾ എന്ന അതിജീവികൾ നിലനിൽക്കുന്നുവെന്ന് വിശ്വസിക്കപ്പെടുന്നു.

Chapter 7: Exoplanet Hunters: Uncovering a Universe of Worlds:

Transit method, radial velocity method, and other techniques for finding exoplanets.

Kepler, TESS, James Webb telescope and future missions to characterize exoplanets.

Super-Earths, gas giants, hot Jupiters, and the diversity of exoplanet types.

Habitable Zone 2.0: refining our understanding of potential life-supporting environments.

Chapter 7: Exoplanet Hunters: Uncovering a Universe of Worlds:

അദ്ധ്യായം 7: എക്സോഗ്രഹ വേട്ടക്കാർ: ലോകങ്ങളുടെ പ്രപഞ്ചത്തെ തുറന്നുകാട്ടുന്നു:

വിദൂര ലോകങ്ങളുടെ നൃത്തം: എക്സോഗ്രഹ തിരച്ചിലിലെ രീതികൾ

നക്ഷത്രങ്ങളുടെ പ്രകാശത്തിന് ഏഴു രാപ്പാർ കടലുകൾക്കപ്പുറത്ത്, നമ്മുടെ സൗരയൂഥത്തിന് പുറത്തുള്ള ഗ്രഹങ്ങൾ നക്ഷത്രങ്ങളുടെ ചുറ്റും നൃത്തം ചെയ്യുന്നു. ഈ എക്സോഗ്രഹങ്ങളെ കണ്ടെത്താനും പഠിക്കാനും ശാസ്ത്രജ്ഞർ കൃത്യതയും മിടുക്കും ആവശ്യമായ നിരീക്ഷണ രീതികൾ വികസിപ്പിച്ചെടുത്തിട്ടുണ്ട്. ഈ ലേഖനത്തിൽ, എക്സോഗ്രഹങ്ങളെ കണ്ടെത്താൻ ഏറ്റവും സാധാരണമായി ഉപയോഗിക്കുന്ന മൂന്ന് രീതികൾ - ട്രാൻസിറ്റ് രീതി, റേഡിയൽ വെലോസിറ്റി രീതി, ഗ്രാവിറ്റേഷണൽ മൈക്രോലെൻസിംഗ് രീതി - എന്നിവ നമുക്ക് പരിശോധിക്കാം.

പ്രകാശത്തിന്റെ ചലനം: ട്രാൻസിറ്റ് രീതി

നക്ഷത്രത്തിന് മുന്നിൽ ഒരു എക്സോഗ്രഹം കടന്നുപോകുമ്പോൾ, നക്ഷത്രത്തിൽ നിന്നുമുള്ള പ്രകാശത്തിന്റെ ഒരു ചെറിയ ഭാഗം തടയപ്പെടും. ഈ പ്രകാശ തടസ്സത്തെ നിരീക്ഷിച്ച്, ഗ്രഹത്തിന്റെ വലുപ്പവും കക്ഷീ ഘടനയും ഏകദേശം കണക്കാക്കാൻ കഴിയും. കെപ്ലർ ദൂരദർശി പോലുള്ള ബഹിരാകാശ ദൂരദർശികൾ ഈ രീതി വ്യാപകമായി ഉപയോഗിച്ച് ആയിരക്കണക്കിന് എക്സോഗ്രഹങ്ങളെ കണ്ടെത്തിയിട്ടുണ്ട്.

നക്ഷത്രത്തിന്റെ നിലവിളി: റേഡിയൽ വെലോസിറ്റി രീതി

ഒരു ഗ്രഹം നക്ഷത്രത്തിന് ചുറ്റും കറങ്ങുമ്പോൾ, ഗ്രഹത്തിന്റെ ഗുരുത്വാകർഷണം നക്ഷത്രത്തെ നേരിയ ചലനത്തിന് കാരണമാക്കുന്നു. ഈ ചലനം കാരണം, നക്ഷത്രത്തിൽ നിന്നുമുള്ള പ്രകാശത്തിന്റെ തരംഗദൈർഘ്യം ചെറുതായി നീളുകയും ചുരുങ്ങുകയും ചെയ്യുന്നു. ഈ ഡോപ്ലർ പ്രഭാവത്തെ നിരീക്ഷിച്ച് ഗ്രഹത്തിന്റെ പിണ്ഡവും കക്ഷീയ വേഗതയും കണക്കാക്കാൻ കഴിയും. ഹാർപ്സ്-നോർത്ത് താരനിരീക്ഷണ കേന്ദ്രം പോലെയുള്ള ഉപകരണങ്ങൾ ഈ രീതി ഉപയോഗിച്ച് നിരവധി എക്സോഗ്രഹങ്ങളെ കണ്ടെത്തിയിട്ടുണ്ട്.

ഗുരുത്വാകർഷണത്തിന്റെ വളവ്: ഗ്രാവിറ്റേഷണൽ മൈക്രോലെൻസിംഗ് രീതി

നക്ഷത്രത്തിന് മുന്നിൽ ഒരു എക്സോഗ്രഹം കടന്നുപോകുമ്പോൾ, ഗ്രഹത്തിന്റെ ശക്തമായ ഗുരുത്വാകർഷണം പശ്ചാത്തല നക്ഷത്രത്തിൽ നിന്നുമുള്ള പ്രകാശത്തെ വളച്ചൊടിക്കുന്നു. ഈ വളവ് കാരണം, പശ്ചാത്തല നക്ഷത്രത്തിന്റെ പ്രകാശം താൽക്കാലികമായി ശക്തമാക്കപ്പെടുകയും മങ്ങുകയും ചെയ്യും. ഈ പ്രതിഭാസം നിരീക്ഷിച്ച് എക്സോഗ്രഹത്തിന്റെ പിണ്ഡം കണക്കാക്കാൻ കഴിയും.

വിദൂര ലോകങ്ങളുടെ നിഗൂഢതകൾ തേടി: കെപ്ലർ, TESS, ജെയിംസ് വെബ് ദൂരദർശി, ഭാവി ദൗത്യങ്ങൾ

നമ്മുടെ സൗരയൂഥത്തിന്റെ അതിർത്തികൾക്കപ്പുറത്ത് ഒളിഞ്ഞിരിക്കുന്ന നിഗൂഢതകൾ തേടിയുള്ള യാത്രയിൽ ശാസ്ത്രം പുതിയ അധ്യായങ്ങൾ കുറിക്കുന്നു. എക്സോഗ്രഹങ്ങളെ കണ്ടെത്താനും പഠിക്കാനുമുള്ള ഈ യാത്രയിൽ കെപ്ലർ, TESS, ജെയിംസ് വെബ് ദൂരദർശി എന്നിവ മുതൽ ആവേശകരമായ ഭാവി ദൗത്യങ്ങൾ വരെ നമ്മുടെ ഗൈഡുകളാണ്.

കെപ്ലർ: നക്ഷത്രങ്ങളുടെ കളിപ്പാട്ടിൽ

2009-ൽ വിക്ഷേപിക്കപ്പെട്ട കെപ്ലർ ദൂരദർശി ഈ മേഖലയിൽ ഒരു വിപ്ലവം സൃഷ്ടിച്ചു. നക്ഷത്രങ്ങൾക്ക് മുന്നിൽ കടന്നുപോകുന്ന ഗ്രഹങ്ങൾ കാരണം പ്രകാശത്തിന്റെ കുറവ് നിരീക്ഷിച്ച് ആയിരക്കണക്കിന് എക്സോഗ്രഹങ്ങളെ കണ്ടെത്തി. തിരച്ചിൽ തുടരുകയും എക്സോഗ്രഹങ്ങളുടെ വൈവിധ്യത നമ്മുടെ ധാരണകളെ വെല്ലുവിളിക്കുകയും ചെയ്യുന്നു.

TESS: നക്ഷത്രങ്ങൾക്കടുത്തുള്ള നർത്തകർ

2018-ൽ യാത്ര ആരംഭിച്ച TESS, ആകാശത്തിന്റെ വിപുലമായ ഭാഗത്തെ നിരീക്ഷിക്കുന്നു.

ഭൂമിയോട് സാമ്യമുള്ള ചെറിയ ഗ്രഹങ്ങളെ ലക്ഷ്യമിടുന്ന ഈ ദൗത്യം നമ്മുടെ അയൽപക്കത്തുള്ള എക്സോഗ്രഹങ്ങളെ കണ്ടെത്തുന്നു. ഭാവിയിലെ പഠനങ്ങൾക്കും ഗ്രഹങ്ങളുടെ അന്തരീക്ഷങ്ങൾ നിരീക്ഷിക്കാനുള്ള ദൗത്യങ്ങൾക്കും TESS കിട്ടിയ വിവരങ്ങൾ അടിസ്ഥാനമാകും.

ജെയിംസ് വെബ്: പ്രകാശത്തിന്റെ പുതിയ കണ്ണുകൾ

2021 ഡിസംബറിൽ വിക്ഷേപിക്കപ്പെട്ട ജെയിംസ് വെബ് ദൂരദർശി ഇൻഫ്രാറെഡ് പ്രകാശത്തെ നിരീക്ഷിക്കുന്നു. ഇതുകൊണ്ട്, എക്സോഗ്രഹങ്ങളുടെ അന്തരീക്ഷങ്ങളിലെ രാസവസ്തുക്കളെ വിശകലനം ചെയ്യാനും വെള്ളം, മീഥേൻ പോലുള്ള ജീവന്റെ സൂചനകൾ തിരയാനും ഇതിന് കഴിയും. നമുക്ക് പരിചിതമായ ജീവൻ പുലർത്താൻ സാധ്യതയുള്ള ഗ്രഹങ്ങളെ ജെയിംസ് വെബ് തിരിച്ചറിയും.

ഭാവിയിലേക്കുള്ള കാഴ്ച: പുതിയ കപ്പലുകൾ, പുതിയ ലക്ഷ്യങ്ങൾ

ഭാവിയിലെ ദൗത്യങ്ങൾ എക്സോഗ്രഹങ്ങളെ കുറിച്ചുള്ള ധാരണകളെ വിപുലീകരിക്കും. ArianeSpace'ന്റെ CHEOPS ദൗത്യം ചെറിയ എക്സോഗ്രഹങ്ങളുടെ വലുപ്പവും പിണ്ഡവും കൃത്യമായി കണക്കാക്കും. ESA's PLATO ദൗത്യം നിരവധി എക്സോഗ്രഹങ്ങളുടെ

അന്തരീക്ഷങ്ങളെ ഏककാലികമായി നിരീക്ഷിക്കും. NASA's Vera C. Rubin Observatory വ്യാപകമായ ആകാശ നിരീക്ഷണം നടത്തി കൂടുതൽ എക്സോഗ്രഹങ്ങളെ കണ്ടെത്തും.

അനന്തമായ ആകാശത്തിന്റെ രഹസ്യങ്ങൾ: സൂപ്പർ-എർത്തുകൾ, വാതകഭീമന്മാർ, ചൂടൻ വ്യാഴങ്ങൾ, എക്സോഗ്രഹങ്ങളുടെ വൈവിധ്യങ്ങൾ

നമ്മുടെ സൗരയൂഥത്തിന്റെ അതിർത്തികൾക്കപ്പുറത്ത്, നക്ഷത്രങ്ങളുടെ പ്രകാശത്തിൽ മറഞ്ഞുകിടക്കുന്ന നിഗൂഢതകളുടെ ഒരു ബാലെ നടക്കുന്നു - എക്സോഗ്രഹങ്ങളുടെ പ്രപഞ്ചം. ഭൂമിക്കും ബൃഹസ്പതിക്കും ഇടയിലുള്ള വിടവുകളിൽ നിന്നും ഹിമകാപടങ്ങളുടെ ആഴങ്ങളിൽ നിന്നും അവ നമ്മുടെ പ്രപഞ്ചത്തെ പുനർനിർമ്മിക്കുന്നു. ഈ ലേഖനത്തിൽ, എക്സോഗ്രഹങ്ങളുടെ അതിശയിപ്പിക്കുന്ന വൈവിധ്യങ്ങളിലേക്ക് നമുക്ക് നോക്കാം, സൂപ്പർ-എർത്തുകൾ, വാതകഭീമന്മാർ, ചൂടൻ വ്യാഴങ്ങൾ എന്നിവ പോലുള്ള അവയുടെ അപൂർവ രാജ്യങ്ങളിലേക്ക് യാത്ര ചെയ്യാം.

സൂപ്പർ-എർത്തുകൾ: കാട്ടുപാതയുടെ കട്ടിയാർമാർ

ഭൂമിയേക്കാൾ വലുപ്പവും പാറക്കെട്ടുകളാൽ നിർമ്മിതതുമായ എക്സോഗ്രഹങ്ങളാണ് സൂപ്പർ-എർത്തുകൾ. ചിലർ ഉരുക്കുമർമ്മം നിറഞ്ഞ അഗ്നിപർവതങ്ങളുടെ കളിപ്പറയാണ്, മറ്റുചിലർ വെള്ളത്തെ ഒളിപ്പിച്ചുവച്ച നീലക്കടലുകൾ ഉൾക്കൊള്ളുന്നു. 55 Cancri e പോലുള്ള ചില സൂപ്പർ-എർത്തുകൾ അവയുടെ

നക്ഷത്രങ്ങളുമായി അടുത്ത കൂട്ടുകുടും നയിക്കുന്നു, ഭൂമിയേക്കാൾ ചൂട് അനുഭവിച്ച് ജിയോതർമൽ പ്രവർത്തനങ്ങളെ പൊടുന്നനെ ഇളക്കിവിടുന്നു. കോറോട്ട്-7b പോലുള്ള മറ്റുചിലർ തണുത്തുറഞ്ഞ, ഹിമകാപടങ്ങൾ കൊണ്ട് പൊതിഞ്ഞ അന്യലോകങ്ങളാണ്. പ്രധാനമായും ഭൂമിയുടെ ഘടനയോട് സാമ്യമുള്ളതിനാൽ, ജീവൻ നിലനിൽക്കാനുള്ള സാധ്യത ഉള്ള പ്രതീക്ഷാനിർഭര സങ്കേതങ്ങളാണ് സൂപ്പർ-എർത്തുകൾ.

വാതകഭീമന്മാർ: നീല-പച്ച ഭീമൻമാരുടെ നൃത്തം

നമ്മുടെ സ്വന്തം വ്യാഴം പോലെയുള്ള എക്സോഗ്രഹങ്ങളാണ് വാതകഭീമന്മാർ. ഹൈഡ്രജൻ, ഹീലിയം എന്നിവ കൊണ്ട് നിർമ്മിത, അവ ഭീമൻ വടക്കുകളാണ്, കറങ്ങുന്ന കൊടുങ്കാറ്റുകളും ശക്തമായ കാന്തികക്ഷേത്രങ്ങളും അവയെ ചുറ്റിപ്പറ്റുന്നു. WASP-121b പോലെയുള്ള ചില വാതകഭീമന്മാർ അവയുടെ നക്ഷത്രങ്ങളുമായി അടുത്ത് ചുറ്റുന്ന ചൂടൻ തിയറ്ററുകളിൽ നൃത്തം ചെയ്യുന്നു, ആയിരക്കണക്കിന് ഡിഗ്രി ഊഷ്മളയായി അവരുടെ വാതകങ്ങളെ ജ്വലിപ്പിക്കുന്നു.

ഗോൾഡിലോക്ക് മേഖല 2.0: ജീവൻ തഴച്ചുവരുന്ന പരിതലങ്ങളെക്കുറിച്ചുള്ള നമ്മുടെ ധാരണ മെച്ചപ്പെടുത്തുന്നു

പ്രപഞ്ചത്തിന്റെ ഗഹനമായ ആഴങ്ങളിൽ ജീവനു പുരാണ പുട്ടുകൾ ഉണ്ടോ, നമുക്ക് മാത്രമാണോ ഈ അനുഗ്രഹം? ഈ ചോദ്യത്തിന് ഉത്തരം നൽകാനുള്ള യാത്രയിൽ, "ഗോൾഡിലോക്ക് മേഖല" എന്ന ആശയം നിർണായകമാണ്. ഒരു നക്ഷത്രത്തിന്റെ ചുറ്റും തികച്ചും ശരിയായ താപനിലയുള്ള ഒരു മേഖലയാണിത്, ദ്രവജലം നിലനിൽക്കാൻ കഴിയുന്ന സ്ഥലം, ജീവന്റെ ഒരു അടിസ്ഥാന ഘടകം. എന്നാൽ ഈ "ശരിയായ" താപനില എന്താണെന്നും ഈ ഗോൾഡിലോക്ക് മേഖല എത്രത്തോളം പരിഷ്കൃതമായിരിക്കണമെന്നും നമ്മുടെ ധാരണ പരിണാമം തുടരുകയാണ്. ഇതാണ് "ഗോൾഡിലോക്ക് മേഖല 2.0"യുടെ ഉത്ഭവം, നമ്മുടെ അന്വേഷണങ്ങളെ കൂടുതൽ കൃത്യതയിലേക്ക് നയിക്കാനുള്ള ശ്രമം.

കുഞ്ഞിയുടെ കഥയിൽ നിന്നും ശാസ്ത്രത്തിന്റെ ലോകത്തിലേക്ക്: ഗോൾഡിലോക്ക് മേഖലയുടെ പ്രാരംഭം

ഒരു കുട്ടിയുടെ കഥയിൽ നിന്നാണ് ഗോൾഡിലോക്ക് മേഖലയുടെ ആശയം ഉത്ഭവിച്ചത്. ഗോൾഡിലോക്ക് മൂന്ന് കഷണങ്ങൾ കഞ്ഞി കണ്ടുപിടിക്കുന്നു - ചൂട്, തണുപ്പ്, ശരിയായത്. കഥയിൽ ഏറ്റവും ചേർന്നുപോയത്

"ശരിയായ" കഞ്ഞിയാണ്, ജീവൻ പോലെ. "ശരിയായ" താപനില ആവശ്യമാണ്, കാരണം ചൂട് വളരെ കൂടുതലാണെങ്കിൽ ജലം ആവിപോകും, തണുപ്പാണെങ്കിൽ മഞ്ഞു കട്ട്പോകും. ഈ കഥ, നക്ഷത്രങ്ങളുടെ ചുറ്റും തികച്ചും ശരിയായ താപനിലയുള്ള ഒരു മേഖല ജീവൻ നിലനിൽക്കാൻ ആവശ്യമാണെന്ന ശാസ്ത്രീയ ആശയത്തെ പ്രതിധ്വനിക്കുന്നു.

വിപ്ലവകരമായ നിരീക്ഷണങ്ങൾ: ഗോൾഡിലോക്ക് മേഖല കൂടുതൽ സങ്കീർണമാകുന്നു

എന്നാൽ ശാസ്ത്രത്തിന്റെ ലോകത്ത് കാര്യങ്ങൾ കൂടുതൽ സങ്കീർണമാണ്. ടെലിസ് കോപ്പുകളുടെയും നിരീക്ഷണ ഉപകരണങ്ങളുടെയും പുരോഗതി നമുക്ക് എക്സോഗ്രഹങ്ങളെ - നമ്മുടെ സൗരയൂഥത്തിന് പുറത്തുള്ള ഗ്രഹങ്ങൾ - നിരീക്ഷിക്കാൻ അനുവദിച്ചു. നമ്മുടെ ഭൂമിയോട് താരതമ്യപ്പെടുത്താവുന്ന, ഗോൾഡിലോക്ക് മേഖലയിൽ ആയിരിക്കാവുന്ന എക്സോഗ്രഹങ്ങൾ നാം കണ്ടെത്തി. എന്നാൽ ഈ പുതിയ കണ്ടെത്തലുകൾ കാണിച്ചത് ഗോൾഡിലോക്ക് മേഖലയുടെ ലളിതമായ ചിത്രം പൂർണ്ണമല്ലെന്നാണ്.

Chapter 8: Biosignatures of Alien Life: What Might We Find?

o Atmospheric biosignatures: oxygen, methane, ozone, and other potential indicators.

o Surface biosignatures: pigments, morphological features, and robotic exploration.

o Challenges of interstellar communication and avoiding false positives.

o The discovery of life beyond Earth: its scientific and philosophical implications.

Chapter 8: Biosignatures of Alien Life: What Might We Find?

അദ്ധ്യായം 8: അന്യഗ്രഹജീവികളുടെ ജീവസൂചനകൾ: നമുക്ക് എന്താണ് കണ്ടെത്താൻ കഴിയുന്നത്?

ആകാശത്തിലെ ജീവന്റെ കിളിർപ്പ്: ഗ്രഹങ്ങളുടെ അന്തരീക്ഷങ്ങളിൽ നിന്നുമുള്ള ജൈവസൂചകങ്ങൾ

നമ്മുടെ ഭൂമിയെ പോലെ ജീവൻ പുലർത്തുന്ന മറ്റൊരു ലോകം എവിടെയെങ്കിലും നിലനിൽക്കുന്നുണ്ടോ? ഈ രഹസ്യം ഉത്തരം കണ്ടെത്താൻ ശാസ്ത്രജ്ഞർ നിരന്തരം പരിശ്രമിക്കുന്നു. സൗരയൂഥത്തിനപ്പുറത്ത്, വിദൂര നക്ഷത്രങ്ങളുടെ ചുറ്റും നൃത്തം ചെയ്യുന്ന എക്സോഗ്രഹങ്ങളിലേക്ക് അവരുടെ കണ്ണുകൾ തിരിയുന്നു. ഈ ദൂരത്തുനിന്നും നേരിട്ട് ജീവനെ കണ്ടെത്തുക അസാധ്യമാണെങ്കിലും, ഗ്രഹങ്ങളുടെ അന്തരീക്ഷങ്ങളിലെ രാസഘടന സൂക്ഷ്മമായി പരിശോധിച്ച് അവിടെ ജീവൻ നിലനിൽക്കാനുള്ള സാധ്യത നിർണ്ണയിക്കാൻ കഴിയും. ഈ തിരച്ചിലിൽ നിർണായക പങ്കുവഹിക്കുന്നവയാണ് ജൈവസൂചകങ്ങൾ - ജീവന്റെ നേരിട്ടുള്ള തെളിവല്ലെങ്കിലും,

അതിന്റെ സാന്നിധ്യത്തെ സൂചിപ്പിക്കുന്ന രാസകൂട്ടുകൾ.

ഓക്സിജൻ: ജീവന്റെ ശ്വാസം

നമ്മുടെ ജീവന്റെ അടിസ്ഥാന ഘടകമാണ് ഓക്സിജൻ. പ്രകാശസംഘട്ടനം നടത്തുന്ന സസ്യങ്ങൾ ഓക്സിജൻ ഉൽപ്പാദിപ്പിക്കുന്നു, നമുക്കും മറ്റ് ജീവികൾക്കും ശ്വാസം കൊടുക്കുന്നു. ഒരു ഗ്രഹത്തിന്റെ അന്തരീക്ഷത്തിൽ ഗണ്യമായ അളവിൽ ഓക്സിജൻ കണ്ടെത്തിയാൽ അത് ജീവന്റെ സാന്നിധ്യത്തിന്റെ ശക്തമായ സൂചനയാണ്. ഭൂമി ഒഴികെ ഇതുവരെ കണ്ടെത്തിയ എക്സോഗ്രഹങ്ങളിൽ നമുക്ക് ഇതുവരെ ഓക്സിജൻ കണ്ടെത്തിയിട്ടില്ലെങ്കിലും, ഭാവിയിലെ ദൗത്യങ്ങളുടെ ലക്ഷ്യം ഇതാണ്.

മീഥേൻ: അലഞ്ഞുതിരിയുന്ന ഒരു സൂചകം

മീഥേൻ ഭൂമിയിൽ പ്രകൃതിദത്തമായി ഉണ്ടാകുന്നു, പ്രധാനമായും ചതുപ്പുകളിൽ നിന്നും ഗ്യാസുകളിൽ നിന്നും. എന്നാൽ ഭൂമിയിലെ മീഥേൻ വേഗത്തിൽ നശിക്കുന്നു. ദീർഘകാലം നിലനിൽക്കുന്ന മീഥേന്റെ സാന്നിധ്യം ഗ്രഹത്തിൽ അതിനെ നശിപ്പിക്കാൻ കഴിവുള്ള പ്രക്രിയകളുടെ അഭാവത്തെ സൂചിപ്പിക്കുന്നു. ചൂടുള്ള എക്സോഗ്രഹങ്ങളിൽ ഇത് ജീവജാലങ്ങളുടെ പ്രവർത്തനത്തിന്റെ ഫലമായിരിക്കാം, എന്നാൽ അജൈവ

പ്രക്രിയകളും മീഥേൻ ഉണ്ടാക്കാം. അതിനാൽ, മീഥേൻ ഒറ്റയ്ക്ക് ഒരു ശക്തമായ ജൈവസൂചകം അല്ലെങ്കിലും, മറ്റ് ഘടകങ്ങളുമായി ചേർത്ത് പരിഗണിക്കുമ്പോൾ, ജീവൻ നിലനിൽക്കാനുള്ള സാധ്യത ഇത് വർദ്ധിപ്പിക്കുന്നു.

ആകാശത്തുനിന്നും ഭൂമിയിലേക്ക്: പ്രതല ജൈവസൂചകങ്ങളുടെ തിരച്ചിൽ

നമ്മുടെ ഭൂമിയിലെ പച്ച കാടുകളും പ്രകാശമാനമായ പവിഴപ്പുറ്റുകളും ജീവന്റെ തുടിക്കുന്ന ഹൃദയങ്ങളാണ്. ഈ ഗംഭീരമായ കാഴ്ചകൾ നമ്മുടെ ഗ്രഹത്തിൽ ജീവൻ നിലനിൽക്കുന്നുവെന്ന് നേരിട്ട് പറയുന്നു. എക്സോഗ്രഹങ്ങളുടെ കാര്യത്തിലും ഇതുതന്നെ ചെയ്യാൻ കഴിഞ്ഞാൽ എത്ര മനോഹരമായിരിക്കും? വിദൂര നക്ഷത്രങ്ങളുടെ ചുറ്റും നൃത്തം ചെയ്യുന്ന ഈ ദൂര ഗ്രഹങ്ങളിൽ ജീവൻ നിലനിൽക്കുന്നുണ്ടോയെന്ന് മനസിലാക്കാൻ ശാസ്ത്രജ്ഞർ ഉപയോഗിക്കുന്ന രീതികളിലൊന്നാണ് പ്രതല ജൈവസൂചകങ്ങളുടെ ഗവേഷണം. ഈ ലേഖനത്തിൽ, നമ്മുടെ കണ്ണുകളെ ബഹിരാകാശത്തേക്ക് തിരിച്ച്, കടൽപടലങ്ങളുടെയും, അന്യലോക ജീവജാലങ്ങളുടെയും ലോകത്തേക്ക് പ്രവേശിച്ചാലും.

നിറങ്ങളുടെ കഥ: പിഗ്മെന്റുകളുടെ സംസാരം

ഭൂമിയിലെ ജീവികൾ വിവിധ രാസവസ്തുക്കൾ ഉപയോഗിച്ച് തങ്ങളുടെ ശരീരത്തിന് നിറം നൽകുന്നു. ക്ലോറോഫിൽ സസ്യങ്ങൾക്ക് പച്ച നിറം നൽകുന്നു. കരോട്ടിനോയിടുകൾ പഴങ്ങൾക്ക് ഓറഞ്ജ് നിറം നൽകുന്നു. ബാക്ടീരിയയുടെ പിഗ്മെന്റുകൾ തടാകങ്ങൾക്ക്

വിചിത്രമായ ചുവപ്പ് പകരുന്നു. ഈ പിഗ്മെന്റുകൾ വിവിധ പ്രവർത്തനങ്ങൾ, പ്രകാശസംഘട്ടനം, സംരക്ഷണം എന്നിവ നിർവഹിക്കുന്നു. ഒരു എക്സോഗ്രഹത്തിന്റെ പ്രതലത്തിൽ ഇത്തരം രാസവസ്തുക്കളുടെ സവിശേഷ സാന്നിധ്യം ജീവന്റെ സാന്നിധ്യത്തിന്റെ ശക്തമായ സൂചനയാണ്. ഭാവിയിലെ ദൂരദർശികൾ ടി-പ്രഭാവ സ്പെക്ട്രോസ്കോപ്പി എന്ന സാങ്കേതിക വിദ്യ ഉപയോഗിച്ച് എക്സോഗ്രഹങ്ങളുടെ പ്രകാശത്തെ വിഘടിപ്പിച്ച് അവയിലെ പിഗ്മെന്റുകളെ തിരിച്ചറിയാൻ ശ്രമിക്കും.

ഭൂമിയിൽ നിന്നും അപ്പുറത്തേക്ക്: രൂപഘടനയുടെ കഥ

ജീവികൾ അവയുടെ പരിതലത്തിൽ തിരിച്ചറിയാൻ കഴിയുന്ന രൂപഘടനകൾ വികസിപ്പിച്ചെടുത്തിട്ടുണ്ട്. മരങ്ങളുടെ ശാഖകൾ, പവിഴപ്പുറ്റുകളുടെ പോളിപ്പുകൾ, മണൽപ്പരവതങ്ങളുടെ വളവുകൾ എന്നിവ ഈ ചില ഉദാഹരണങ്ങൾ മാത്രം. ആകൃതി, ടെക്സ്ചർ, നിറം എന്നിവയുടെ സവിശേഷമായ കൂട്ടിച്ചേർച്ചയിലൂടെ ഈ ഘടനകൾ നിർമ്മിക്കപ്പെടുന്നു. ഒരു എക്സോഗ്രഹത്തിന്റെ ഉപരിതലത്തിൽ ഇത്തരം ഘടനകളുടെ കണ്ടെത്തൽ നിമിത്തങ്ങളുടെ നിധാനമാണ്.

നക്ഷത്രങ്ങൾക്കപ്പുറത്തേക്കുള്ള സംഭാഷണം: ഇടതാരാശയനവും തെറ്റായ ഫലങ്ങളും നേരിടുന്ന വെല്ലുവിളികൾ

നമ്മുടെ ഭൂമിക്കപ്പുറത്ത്, വിദൂര നക്ഷത്രങ്ങളുടെ നിഴലിൽ, നമുക്ക് അറിയാത്ത ലോകങ്ങൾ നൃത്തം ചെയ്യുന്നു. ഈ ലോകങ്ങളിൽ ജീവൻ നിലനിൽക്കുന്നുണ്ടോ? നമുക്കുമായി ആശയവിനിമയം നടത്താൻ അവർ ശ്രമിക്കുന്നുണ്ടോ? ഈ ചോദ്യങ്ങൾക്ക് ഉത്തരം കണ്ടെത്താനുള്ള യാത്രയിൽ, ഇടതാരാശയനം എന്നു വിളിക്കുന്ന വെല്ലുവിളികളുടെ ഒരു കടലിൽ നാം നീന്തുന്നു. ഈ ലേഖനത്തിൽ, ഈ കടലിന്റെ ആഴങ്ങളിലേക്ക് നമുക്ക് മുങ്ങാം, ആശയവിനിമയത്തിന്റെ പാറകളും തെറ്റായ ഫലങ്ങളുടെ ചുഴികളും മറികടക്കേണ്ട കഠിന പ്രയത്നം പരിശോധിക്കാം.

ദൂരത്തിന്റെ ദുർഘടം: കോടികളുടെ തിരോഭാവം

ആദ്യത്തെ വെല്ലുവിളി സാധാരണയാണ് - ദൂരം. നമ്മുടെ അടുത്ത നക്ഷത്രം, പ്രോക്സിമ സെന്റോറി, 4.24 പ്രകാശവർഷം അകലെയാണ്. പ്രകാശത്തിന് ഒരു വർഷം കൊണ്ട് സഞ്ചരിക്കാനാകുന്ന ദൂരമാണിത്. നമ്മുടെ സന്ദേശം അവിടെയെത്താൻ നാലു വർഷവും തിരിച്ചു ലഭിക്കാൻ മറ്റൊരു നാലു വർഷവും എടുക്കും. ഈ കാലതാമസം സംഭാഷണങ്ങളെ

മന്ദഗതിയിലാക്കുകയും വളരെ സങ്കീർണമാക്കുകയും ചെയ്യുന്നു.

ബഹളത്തിലെ സിഗ്നലുകൾ: ശബ്ദമില്ലാത്ത ആകാശം

മറ്റൊരു വെല്ലുവിളി, ബഹിരാകാശത്തിന്റെ ഇടതൂർന്ന ശബ്ദമാണ്. സൂര്യനും മറ്റ് നക്ഷത്രങ്ങളും റേഡിയോ വികിരണങ്ങൾ, ഗാമാ കിരണങ്ങൾ, കോസ്മിക് കിരണങ്ങൾ എന്നിവപോലെയുള്ള സ്വാഭാവിക ശബ്ദങ്ങൾ ഉത്പാദിപ്പിക്കുന്നു. മനുഷ്യനിർമ്മിത ശബ്ദങ്ങൾ, ഗ്രഹണ ഉപഗ്രഹങ്ങളിൽ നിന്നുള്ള സിഗ്നലുകൾ, ഭൂമിയിൽ നിന്നുള്ള റേഡിയോ പ്രക്ഷേപണങ്ങൾ എന്നിവപോലുള്ള അനാവശ്യ ശബ്ദങ്ങളും ഉണ്ട്. ഈ ബഹളത്തിൽ നിന്ന് ആശയവിനിമയത്തിന്റെ നേർത്ത സിഗ്നൽ തിരിച്ചറിയുക എന്നത് ഒരു സൂചിക്കടയിലെ ശബ്ദം കേൾക്കാൻ ശ്രമിക്കുന്നതുപോലെയാണ്.

ഇടതാരാശയത്തിന്റെ ഇതിഹാസം: അവർ നമ്മുടെ സന്ദേശം മനസ്സിലാക്കുമോ?

നമുക്ക് സാധ്യതയുള്ള ഇടതാരാശയ സംഭാഷണത്തിന്റെ മറ്റൊരു പ്രധാന വെല്ലുവിളി ഭാഷയാണ്. നമ്മൾ ഭാഷ ഉപയോഗിച്ച് ആശയവിനിമയം നടത്തുന്നതുപോലെ, ബഹിരാകാശ ജീവികൾക്കും അവരുടേതായ ഒരു ആശയവിനിമയ രീതി ഉണ്ടായിരിക്കാം.

ഭൂമിക്കപ്പുറത്ത് ജീവൻ: ശാസ്ത്രത്തിന്റെ വിപ്ലവവും തത്വചിന്തയുടെ പുനർജന്മവും

മനുഷ്യ ചരിത്രത്തിലെ ഏറ്റവും ശ്രേഷ്ഠമായ കണ്ടെത്തലുകളിലൊന്നാണ് ഭൂമിക്കപ്പുറത്ത് ജീവന്റെ സാന്നിധ്യം. ആയിരക്കണക്കിന് വർഷങ്ങൾ നീണ്ട ആകാശ നിരീക്ഷണങ്ങളും സ്വപ്നങ്ങളും ശാസ്ത്രീയ വിജയത്തിന്റെ തിളക്കത്തിൽ ഉജ്ജലമാകുന്നു. ഈ കണ്ടെത്തൽ ശാസ്ത്രത്തെ വിപ്ലവകരമായി പരിവർത്തനം ചെയ്യുകയും നമ്മുടെ സ്വസ്ഥതയുടെയും നിലനിൽപ്പിന്റെയും അടിസ്ഥാന ചോദ്യങ്ങളെ വീണ്ടും പരിശോധിക്കാൻ ക്ഷണിക്കുകയും ചെയ്യുന്നു.

ശാസ്ത്രത്തിന്റെ പുതിയ അതിർഫ്രകടലുകൾ: അറിവിന്റെ വികസനം

എക്സോഗ്രഹങ്ങളുടെ കണ്ടെത്തലും ജീവനു ലക്ഷ്യമിട്ടുള്ള ഗവേഷണവും ജ്യോതിശാസ്ത്രത്തിന്റെയും ജീവശാസ്ത്രത്തിന്റെയും മേഖലകളെ പുനർനിർമ്മിക്കുന്നു. പുതിയ ദൗത്യങ്ങൾ നക്ഷത്രങ്ങളുടെ പ്രകാശത്തെ വ്യാഖ്യാനിക്കാനും ഗ്രഹങ്ങളുടെ രാസഘടന വിശകലനം ചെയ്യാനും പുതിയ ടെക്നോളജികൾ വികസിപ്പിക്കുന്നു. നമ്മുടെ സൗരയൂഥത്തിനപ്പുറത്തെ ലോകങ്ങളിൽ ജീവന്റെ നിഗൂഢതകൾ ഉൾപ്പടെ ശാസ്ത്രമേഖലയുടെ അതിർഫ്രകടലുകളിലേക്ക്

ഈ കണ്ടെത്തൽ നമ്മെ നയിക്കുന്നു. ജീവൻ എങ്ങനെ ഉത്ഭവിക്കുകയും പരിണമിക്കുകയും ചെയ്യുന്നു എന്നതിനെക്കുറിച്ചുള്ള നമ്മുടെ ധാരണ പുനർനിർമ്മിക്കുന്ന പുതിയ കണ്ടെത്തലുകൾ പ്രതീക്ഷിക്കാം.

നമ്മുടെ സ്ഥാനം: വിനയവും ഉത്തരവാദിത്തവും

ഭൂമിക്കപ്പുറത്ത് ജീവൻ നിലനിൽക്കുന്നു എന്ന കാര്യം നമ്മുടെ ബഹിരാകാശത്ത് തന്നെ മനുഷ്യരാശയുടെ സ്ഥാനത്തെ ചോദ്യം ചെയ്യുന്നു. നമ്മൾ പ്രപഞ്ചത്തിലെ ഏക ബുദ്ധിജീവികളല്ലെന്ന തിരിച്ചറിവ് വിനയം പുലർത്താനും സഹവർത്തിത്വം ശക്തിപ്പെടുത്താനും പ്രേരിപ്പിക്കുന്നു. ബഹിരാകാശ ഇടനാഴികളെ സമാധാനപരമായും സുസ്ഥിരമായും പര്യവേക്ഷണം ചെയ്യാനുള്ള ഉത്തരവാദിത്തവും ഇത് നമുക്ക് നൽകുന്നു. ആതിഥേയ ഗ്രഹങ്ങളെ മലിനമാക്കാതിരിക്കുന്നതിനും സാധ്യതയുള്ള ജീവനെ ബഹുമാനിക്കുന്നതിനും ശ്രദ്ധാലുവായി പ്രവർത്തിക്കേണ്ടതിന്റെ നിർബന്ധം ഈ കണ്ടെത്തൽ ഉയർത്തുന്നു.

തത്വചിന്തയുടെ പുനർജന്മം: നിലനിൽപ്പിന്റെ ചോദ്യങ്ങൾ

എക്സോഗ്രഹങ്ങളിലെ ജീവൻ നമ്മുടെ സ്വന്തം നിലനിൽപ്പിനെ കുറിച്ചുള്ള അടിസ്ഥാനപരമായ

ചോദ്യങ്ങളെ വീണ്ടും പരിശോധിക്കാൻ നമ്മെ പ്രേരിപ്പിക്കുന്നു.

ചോദ്യങ്ങളെ വീണ്ടും പരിശോധിക്കാൻ നമ്മെ പ്രേരിപ്പിക്കുന്നു.

Chapter 9: The Future of Astrobiology: Beyond the Dream (Epilogue)

Technological advancements and next-generation telescopes for deeper exploration.

Ethical considerations: planetary protection and avoiding contamination.

Interdisciplinary collaboration between astronomers, biologists, engineers, and philosophers

Chapter 9: The Future of Astrobiology: Beyond the Dream (Epilogue)

അദ്ധ്യായം 9: ജ്യോതിശാസ്ത്രത്തിന്റെ ഭാവി: സ്വപ്നത്തിനപ്പുറം

ആകാശത്തിന്റെ രഹസ്യങ്ങൾ തുറക്കുന്ന കണ്ണുകൾ: ഗവേഷണത്തിന്റെ പുതിയ അതിർവരമ്പുകൾ തുറക്കുന്ന സാങ്കേതിക പുരോഗതിയും അടുത്ത തലമുറ ദൂരദർശികളും

നക്ഷത്രങ്ങളുടെ കരളിലൊളിപ്പിച്ചിരിക്കുന്ന നിഗൂഢതകൾ തേടി, മനുഷ്യരാശി നൂറ്റാണ്ടുകളായി ആകാശത്തേക്ക് കണ്ണുകളുയർത്തി നോക്കുന്നു. ഇന്നത്തെ ശാസ്ത്ര സാങ്കേതികവിദ്യകളുടെ തീപ്പന്തുകളിൽ ഉരുത്തിരിയ പുതിയ കണ്ടുപിടിത്തങ്ങൾ ഈ യാത്രയെ പുതിയ ഉയരങ്ങളിലേക്ക് നയിക്കുകയാണ്. ഈ ലേഖനത്തിൽ, നമ്മുടെ ഗവേഷണത്തിന്റെ അതിർവരമ്പുകൾ വി geniş അതിശയിപ്പിക്കുന്ന അടുത്ത തലമുറ ദൂരദർശികളെയും അവ നമുക്ക് ആകാശത്തിന്റെ പുതിയ അധ്യായങ്ങൾ തുറന്നുകാട്ടുന്നതെങ്ങനെയെന്നും നമുക്ക് പരിശോധിക്കാം.

പ്രകാശത്തിന്റെ പുതിയ കണ്ണുകൾ: അടുത്ത തലമുറ ദൂരദർശികളുടെ വിപ്ലവം

ദൂരദർശികളുടെ പുതിയ തലമുറ, വെറും കൂടുതൽ ശക്തമായ കണ്ണുകളല്ല, മറിച്ച്, പ്രകാശത്തിന്റെ പുതിയ ഭാഷകൾ മനസ്സിലാക്കാൻ കഴിവുള്ള ബുദ്ധിപരമായ ഉപകരണങ്ങളാണ്. ഇവയിൽ ചില വിപ്ലവകരമായ സാങ്കേതികവിദ്യകൾ ഉൾപ്പെടുന്നു:

ഭീമൻ കണ്ണാടികൾ: 30 മീറ്ററിലധികം വ്യാസമുള്ള കണ്ണാടികൾ ഉപയോഗിച്ച് അതി ദൂരെയുള്ള വസ്തുക്കളുടെ ഇതുവരെ കാണാത്ത വിശദാംശങ്ങൾ പിടിച്ചെടുക്കാൻ ഈ ദൂരദർശികൾക്ക് കഴിവുണ്ട്.

അൾട്രാവയലറ്റ്, ഇൻഫ്രാറെഡ് നിരീക്ഷണം: വിവിധ തരംഗ ദൈർഘ്യങ്ങളിൽ പ്രകാശം നിരീക്ഷിക്കാൻ കഴിവുള്ള ഈ ദൂരദർശികൾ നമുക്ക് പ്രപഞ്ചത്തിന്റെ പുതിയ ഭാഷകൾ മനസ്സിലാക്കാൻ സഹായിക്കുന്നു. ഉദാഹരണത്തിന്, ഇൻഫ്രാറെഡ് ദൂരദർശികൾ ചൂട് പുറപ്പെടുവിക്കുന്ന വസ്തുക്കളെ കാണാൻ കഴിവുള്ളതിനാൽ, പ്രാരംഭഘട്ടത്തിലുള്ള നക്ഷത്രങ്ങളെയും ഗ്രഹങ്ങളെയും കണ്ടെത്താൻ സഹായിക്കുന്നു.

അഡാപ്റ്റീവ് ഒപ്റ്റിക്സ്: ഭൂമിയുടെ അന്തരീക്ഷം പ്രകാശത്തെ വളച്ചൊടിക്കുന്നതിനെ

മറികടക്കാൻ ഈ സാങ്കേതികവിദ്യ ഉപയോഗിച്ച്, ഭൂമിയിൽ നിന്നുതന്നെ തെളിഞ്ഞതും കൃത്യതയുള്ളതുമായ ചിത്രങ്ങൾ എടുക്കാൻ കഴിയും.

പ്രപഞ്ചത്തിന്റെ അദൃശ്യ സീമകൾ തുറക്കുന്നു: പുതിയ കണ്ടെത്തലുകളുടെ സാധ്യത

ഈ വിപ്ലവകരമായ കാഴ്ചപ്പകരണങ്ങൾ ഉപയോഗിച്ച്, ശാസ്ത്രജ്ഞർക്ക് നമ്മുടെ പ്രപഞ്ചത്തെ പുനർനിർവചിക്കാനും അതിന്റെ അദൃശ്യ സീമകൾ തുറക്കാനും കഴിയും.

ആകാശത്തിന്റെ ആരോഗ്യം: ഗ്രഹസംരക്ഷണവും മലിനീകരണത്തിന്റെ സൂക്ഷ്മതയും

നക്ഷത്രങ്ങളുടെ കിരീടം ചൂടുന്ന ആകാശത്തേക്ക് കണ്ണുകളുയർത്തി നോക്കുമ്പോൾ, വിദൂര ഗ്രഹങ്ങളിൽ ജീവൻ പുലർത്താനുള്ള സാധ്യത നമ്മളെ ആവേശം കൊള്ളിക്കുന്നു. ഈ തിരച്ചിലിൽ നിറഞ്ഞുനിൽക്കുന്ന ആവേശത്തിനിടയിലും, ശ്രദ്ധിക്കേണ്ട പ്രധാനപ്പെട്ട ഒരു കാര്യമുണ്ട് - നമ്മുടെ യാത്രകൾ മറ്റു ലോകങ്ങളെ മലിനീകരിക്കരുത്. ഗ്രഹസംരക്ഷണമെന്ന ധാർമിക ഉത്തരവാദിത്തം ഓർമ്മിപ്പിക്കുന്ന ഇടമാണിത്. ഭൂമിയുടെ പരിസ്ഥിതി സംരക്ഷണത്തിനെക്കാൾ അതിപ്രധാനമായ എന്തെങ്കിലുമുണ്ടോ?

എന്താണ് ഗ്രഹസംരക്ഷണം?

ഗ്രഹസംരക്ഷണം ലളിതമായി പറഞ്ഞാൽ, നമ്മുടെ ഗവേഷണപര്യവേഷണങ്ങൾ മറ്റു ഗ്രഹങ്ങളുടെ പരിസ്ഥിതിയെ അപകടകരമായ രീതിയിൽ മലിനീകരിക്കാതിരിക്കാനുള്ള മുൻകരുതലുകളുടെ ശേഖരമാണ്. ഈ മുൻകരുതലുകൾ ജീവശാസ്ത്ര, രാസ, ശാരീരിക മലിനീകരണത്തെ തടയുന്നതിന് ലക്ഷ്യമിടുന്നു. പ്രധാനമായും,

- മൈക്രോബിയൽ മലിനീകരണം: ഭൂമിയിലെ സൂക്ഷ്മജീവികൾ മറ്റു ഗ്രഹങ്ങളിലെത്തുകയും അവിടെ നിലനിൽക്കുന്ന ജീവജാലങ്ങളുമായി ഇടപെടുകയും അവയെ നശിപ്പിക്കുകയും ചെയ്യാനുള്ള സാധ്യത തടയുന്നു.

- രാസ മലിനീകരണം: ബഹിരാകാശ പേടകങ്ങളിലുപയോഗിക്കുന്ന രാസവസ്തുക്കൾ ഉപേക്ഷിക്കുകയോ നശീകരിക്കുകയോ ചെയ്ത് ദീർഘകാല മലിനീകരണം ഒഴിവാക്കുന്നു.

- ശാരീരിക മലിനീകരണം: ഉപകരണങ്ങളുടെയും ഭാഗങ്ങളുടെയും അവശിഷ്ടങ്ങൾ ഗ്രഹങ്ങളുടെ ഉപരിതലത്തിൽ നിക്ഷേപിക്കുന്നത് തടയുന്നു.

എന്തുകൊണ്ട് ഗ്രഹസംരക്ഷണം പ്രധാനം?

മറ്റു ലോകങ്ങളെ സംരക്ഷിക്കുന്നതിന് ഒന്നിലധികം കാരണങ്ങളുണ്ട്:

- ജീവനെ കണ്ടെത്താനുള്ള സാധ്യത: മറ്റു ഗ്രഹങ്ങളിലെന്തെങ്കിലും ജീവനുണ്ടോയെന്ന് കണ്ടെത്താൻ ശ്രമിക്കുമ്പോൾ, നമ്മുടെ സ്വന്തം ജൈവതടയാഗങ്ങൾ അവിടെ കയറ്റി അഴിയിക്കരുത്. മലിനീകരണമില്ലാത്ത പരിതലത്തിൽ മാത്രമേ 100% ഉറപ്പോടെ ജീവന്റെ അടയാളങ്ങൾ തിരിച്ചറിയാൻ കഴിയൂ.

നക്ഷത്രങ്ങളുടെ ഭാഷ: ജ്യോതിഷപണ്ഡിതർ, ജീവശാസ്ത്രജ്ഞർ, എഞ്ചിനീയർമാർ, തത്വചിന്തകർ എന്നിവരുടെ അന്തർജാലക സഹകരണം

നക്ഷത്രങ്ങളുടെ നിഴലിൽ, നിഗൂഢതകളിൽ പൊതിഞ്ഞ ലോകങ്ങൾ നൃത്തം ചെയ്യുന്നു. ഈ ആകാശ ഗോളങ്ങളിൽ ജീവൻ പുലർത്തുന്നുണ്ടോ? നമുക്കുമായി ആശയവിനിമയം നടത്താൻ അവർ ശ്രമിക്കുന്നുണ്ടോ? ഈ ചോദ്യങ്ങൾക്ക് ഉത്തരം നൽകാനുള്ള യാത്രയിൽ, വിവിധ ശാസ്ത്രശാഖകളിൽ നിന്നുള്ള വിജ്ഞാനത്തിന്റെയും കൗതുകത്തിന്റെയും ഒരു കൂട്ടായ്മ നമ്മെ നയിക്കുന്നു. ജ്യോതിഷപണ്ഡിതർ, ജീവശാസ്ത്രജ്ഞർ, എഞ്ചിനീയർമാർ, തത്വചിന്തകർ എന്നിവരുടെ അന്തർജാലക സഹകരണം ഈ യാത്രയുടെ കരുത്താണു.

ആകാശത്തിന്റെ കണ്ണുകൾ: ജ്യോതിഷപണ്ഡിതർ വഴികാട്ടുന്നു

ഒരു അപരിചിത നാണു ബഹിരാകാശം. അതിന്റെ രഹസ്യങ്ങൾ തുറന്നുകാട്ടാൻ ജ്യോതിഷപണ്ഡിതരാണ് നമ്മുടെ വഴികാട്ടികൾ. അവർ ദൂരദർശികളെയും ടെലിസ് കോപ്പുകളെയും ചൂണ്ടി, ഗ്രഹങ്ങൾ, നക്ഷത്രങ്ങൾ, ഗാലക്സികൾ എന്നിവയുടെ ഭാഷ വിവർത്തനം ചെയ്യുന്നു. അവരുടെ

നിരീക്ഷണങ്ങളിലൂടെ, ജീവൻ നിലനിൽക്കാനുള്ള സാധ്യതയുള്ള ലോകങ്ങളെ തിരിച്ചറിയാൻ ശക്തമായ തെളിവുകൾ നൽകുന്നു. ഭാവിയിലെ ദൗത്യങ്ങൾക്കും ഗവേഷണങ്ങൾക്കും വഴികാട്ടിക്കൽ ഏകീകരിക്കുന്നു.

ജീവന്റെ ഗന്ധം: ജീവശാസ്ത്രജ്ഞർ തിരയുന്നു

ഗ്രഹങ്ങളുടെ ഉപരിതലത്തിൽ മാത്രമല്ല, ജീവനെ അന്വേഷിക്കുന്നത് അതിന്റെ സൂക്ഷ്മമായ അടയാളങ്ങളും കണ്ടെത്തലാണ്. ജീവശാസ്ത്രജ്ഞർ ഈ ദൗത്യത്തിന്റെ മുൻപന്തിയിലാണ്. അവർ ജീവന്റെ നിഗൂഢ രൂപങ്ങളെ മനസ്സിലാക്കുകയും ഭൂമിയിലും മറ്റു ലോകങ്ങളിലും അതിന്റെ സാന്നിധ്യം തിരിച്ചറിയാൻ സഹായിക്കുന്ന സങ്കേതങ്ങൾ വികസിപ്പിക്കുകയും ചെയ്യുന്നു. അന്യജീവികളുടെ ജൈവരസതന്ത്രം മനസ്സിലാക്കാൻ ശ്രമിക്കുന്നതിലൂടെ, ഭാവിയിലെ ആശയവിനിമയത്തിനും സഹകരണത്തിനും അടിസ്ഥാനം ഒരുക്കുന്നു.

സാഹസികതയുടെ നിർമ്മാതാക്കൾ: എഞ്ചിനീയർമാർ സൃഷ്ടിക്കുന്നു

നക്ഷത്രങ്ങളുടെ നൃത്തം കാണാനും ജീവന്റെ നേർത്ത സിഗ്നലുകൾ പിടിച്ചെടുക്കാനും ദൂരദർശികളും റോബോട്ടുകളും ഭൂമിക്കു പുറത്തേക്കുള്ള യാത്രയിൽ

അനിവാര്യഘടകങ്ങളാണ്. എഞ്ചിനീയർമാരാണ് ഈ അത്ഭുത സൃഷ്ടികളുടെ പിന്നിലെ കരവിരുത്.

അനിവാര്യഘടകങ്ങളാണ്. എഞ്ചിനീയർമാരാണ് ഈ അത്ഭുത സൃഷ്ടികളുടെ പിന്നിലെ കരവിരുത്.